Inhalt

Vorab   7

1. Grundsätzliches   11

1.1   Ja, die Kinder sitzen sehr gerne drinnen!   11
1.2   Kinderanhänger – Kindersitz – Lastenfahrrad – Pedaltrailer   12
1.3   Ab welchem Alter kann mein Kleinkind mitfahren?   13
1.4   Die prinzipielle Kaufentscheidung   15
1.5   Neu oder gebraucht?   16
1.6   Einspurig oder zweispurig?   17
1.7   Kann ich den Anhänger mit den Kindern
       überhaupt ziehen?   18

2. In der Praxis   21

2.1   Die erste Ausfahrt   21
       ...und der Wille der Kinder   22
2.2   Panne mit Kind – Oh mein Gott!   24
2.3   HUNGER! – DURST! – und die eiserne Reserve   25
2.4   Schlafen – Aufwachen   28
2.5   On Board Entertainment   30
2.6   Was alles mit mus... die Packliste   32
2.7   Routenplanung   36
2.8   Tageszeitliche Reiseplanung   40
2.9   Unterwegs mit zwei Kindern   42
2.10   Trainingsaspekte   43
2.11   Das Höchstalter der Kinder – Wann ist es vorbei?   47

3. Technik / Ausstattung / Funktionsmerkmale   49

3.1   Zweispurige Anhänger   49
3.2   Einspurige Anhänger   68
3.3   Wohin mit dem Riesenanhänger?   76
3.4   Zubehör für Kinderanhänger   79
3.5   Pimp my Anhänger   92
3.6   Wartung und Reinigung   107

3.7	Der Pedal-Trailer – Der Anhänger zum Mittreten für die Kinder	109
3.8	Kindertransport mit Lastenfahrrädern	114
3.9	Transport im Kindersitz	119
3.10	Innovationen – Prototypen	121

4. Das Zugfahrrad — 123

4.1	Anhängertaugliche Ausstattung	123
4.2	Das E-Bike / Pedelec	130
4.3	Das Rennrad	132
4.4	Das Mountainbike	133
4.5	Trekking-, City-, Touringbikes	136
4.6	Zubehör für das Zugfahrrad	138

5. Fahrtechnik mit Kinderanhängern — 140

5.0	Testfahrt mit Probeladung	140
5.1	Fahren auf Sicht hoch zwei	140
5.2	Rasches Ausweichen	141
5.3	Fahrbahnunebenheiten	141
5.4	Kippgefahr bei zweispurigen Anhängern	143
5.5	Gefahr des Einfädelns / Hängenbleibens	144
5.6	Aufsitzen mit dem Anhänger	146
5.7	Bergauffahren	146
5.8	Schrägfahrten am Hang	149
5.9	Wiegetritt	149
5.10	Bergabfahren	150
5.11	„Pulsieren" des Gespanns beim Bergabfahren	151
5.12	Fahren bei starkem Wind	151
5.13	Singletrails	152
5.14	Seitliches Aufschwingen	152

6. Bekleidung und Witterung — 153

6.1	Was ziehe ich meinem Kind bei Anhängerfahrten an?	153
6.2	Kinderhelme	156
6.3	Was ziehe ich selbst an? – Bekleidung der Eltern	157

7. Sicherheitsaspekte 160

7.1 Schutzgitter / Insektennetz 160
7.2 Anschnallen 161
7.3 Helm im Anhänger 162
7.4 Sicherheit im Straßenverkehr 162
7.5 Was sagt das Gesetz? 165

8. Ausblick 169

9. Bezugsquellen / Adressen / Weiterführende Informationen 171

Vorab

Wien, Mitte März, auf dem Rückweg vom Zoobesuch mit meiner zweieinhalbjährigen Tochter im Anhänger. Fünf Grad Celsius, widerlicher Gegenwind und Nieselregen, trotzdem sind wir zügig am Radweg unterwegs, denn wir wollen ja schließlich heim...

Da, plötzlich, ein lautstarker, undefinierbarer Ruf von hinten aus dem Anhänger. Als besorgter Vater bleibe ich sofort stehen, öffne das Regenverdeck und frage die Kleine, was denn los sei... die überraschend forsche und klare Antwort: *„Papa, du sollst weiterfaaaaaaaaaaah-ren! Ich SINGE!!!!!!"* Alles klar. Verstanden. Verzeihung. Wird gemacht.

Der Titel also ein Zitat. An dieser Stelle sei sofort aus tiefster Überzeugung hinzugefügt: Mama, du sollst auch weiterfahren! Unbedingt!

Nach zig-tausend durchwegs sportlich absolvierten Kilometern mit den Kindern im Fahrradanhänger und fast ebenso vielen begeisterten Eltern, die mich am Spielplatz, auf der Alm und vielen anderen Orten mehr mit Fragen zum Thema Kinder und Fahrradanhänger in der Praxis belagert haben: Die Entscheidung, alle meine Erfahrungen und Erkenntnisse niederzuschreiben. Ich hoffe damit viele Anregungen und nützliche Tipps geben zu können.

Ich selbst hätte nur allzu gern vor meinen ersten Ausfahrten einen Einblick in die praktischen Erfahrungen anderer Eltern mit Kleinkindern im Anhänger gehabt. Im Gegensatz zu anderen Baby-Themen sind die Foren diesbezüglich leider nicht so üppig bestückt. Auch die Hersteller von Kinderanhängern und Kindersitzen beschränken sich meist auf rein technische Informationen zu ihren Produkten.

Ich habe versucht, einen Überblick der wichtigsten Themen darzustellen und meine Erfahrungen aus der Praxis zu schildern. Viele meiner Freunde sind mittlerweile auch auf den „Anhänger" gekommen, auch ihre Berichte sind miteingeflossen. Dabei geht es nicht nur um die zwei Kilometer ins Schwimmbad oder in den Kindergarten, sondern durchaus auch um die Fortführung der sportlichen Aktivitäten der Eltern.

Oftmals bleibt nach der Geburt des ersten und dann noch zweiten Kindes nur mehr sehr wenig Zeit für die Ausübung elterlichen Sports: Gerade in den ersten Lebensjahren brauchen die Kinder enorm viel Energie und Aufmerksamkeit – daneben muss auch noch gearbeitet werden. Schlaf wird schon mal zur Mangelware, die Nerven liegen blank. Und dann soll man auch noch auf den heißgeliebten Sport, der die Batterien wieder füllt, verzichten – nicht unbedingt, wie ich meine... Der Radanhänger bietet eine einmalige Möglichkeit, schon mit den Allerkleinsten Familienaktivitäten und sportliches Radfahren zu kombinieren.

Die Vielzahl an technischen Innovationen, die in den letzten Jahren auf dem Fahrrad- und Anhängersektor stattgefunden haben, öffnen völlig neue Dimensionen: Erstens ein großes Plus an Sicherheit und Komfort für Kinder und Eltern – und zweitens, mit den Kindern im Anhänger Strecken und Routen fahren zu können, die vor einiger Zeit völlig undenkbar gewesen sind.

Nur so war und ist es uns möglich, den Großteil unserer Ausfahrten fernab von Straßenverkehr und Abgasen – auch auf unbefestigten Wegen – zu bestreiten. Dazu muss man nicht am Land wohnen. Auch die Flucht aus der Stadt gelingt mit dem Radanhänger hochelegant und schnell dank der stetig steigenden Zahl an Radwegen und Radrouten.

Nicht zuletzt gibt es auch den ökologischen Aspekt und die Verantwortung, die wir alle für die Erhaltung unserer Umwelt für zukünftige Generationen tragen: Radfahren mit Kinderanhängern hat nicht nur Signalwirkung, sondern kann in vielen Familien durchaus einen PKW ersetzen.

Ich wünsche Euch mindestens so viel Spaß und tolle Ausflüge, wie wir mit unseren Kindern erleben durften!

Mama, Papa, ihr könnt weiterfahren...

1. Grundsätzliches

Für die meisten frischgebackenen Eltern stellen sich, mit dem Thema Fahrradfahren mit Kleinkindern konfrontiert, vorab viele grundsätzliche Fragen: Sitzen die Kinder denn gerne da drinnen? Ab welchem Alter kann man beginnen? Macht das für uns Sinn? Wie sicher ist das ganze Unterfangen? Was tun, wenn der teure Anhänger gekauft worden ist, und mein Kind dann doch nicht mit will?
Also, alles mal der Reihe nach:

1.1 Ja, die Kinder sitzen sehr gerne drinnen!

Meiner Erfahrung nach haben fast alle Kinder unglaublich viel Spaß, am Fahrradsitz oder im Anhänger mitzufahren. Vor allem, wenn sie merken, dass die Eltern auch mit bester Laune bei der Sache sind... und das nicht nur auf der Straße!
Gerade unbefestigte Wege und Routen, mitten in der Natur und fernab von Stadt und Straßenverkehr, laden, passender Anhänger und Zugmaschine vorausgesetzt, zu abenteuerlichen, unterhaltsamen und sportlichen Ausfahrten ein. So rücken auch entlegene Ausflugsziele in greifbare Nähe, die mit dem PKW oder öffentlichen Verkehrsmitteln gerade mit Kleinkindern nur recht mühsam zu erreichen sind.

Mit Rad und Anhänger gelingt auch die Flucht aus der Stadt in oftmals ungeahnter Geschwindigkeit. Und das ganz ohne Stau, der Kindern und Eltern im Auto ja oft den letzten Nerv kostet. Sogar bei sommerlichen Temperaturen weht einem der kühlende Fahrtwind um die Ohren und man muss nicht kollektiv im vollgestopften Bus Richtung Schwimmbad schwitzen. Der Weg ist das Ziel, das Ziel versüßt den Weg...

Dass Fahrradanhänger auch im täglichen Leben mit Kindern unglaublich praktisch sind, ist schnell erklärt und tausendfach bewährt: Keine Parkplatzprobleme auf dem Weg in den Kindergarten, am Spielplatz ist alles Notwendige mit an Bord, Einkäufe können unkompliziert mitgenommen werden,...

1.2 Kinderanhänger – Kindersitz – Lastenfahrrad – Pedaltrailer

Auf welche Art und Weise Kinder am Fahrrad mitreisen, hängt stark von der jeweiligen Anwendung und den persönlichen Gepflogenheiten ab.

Lasträder eignen sich für den sicheren Transport im urbanen Bereich und auf gut befestigten Wegen ohne große Hindernisse und ohne allzu große Steigungen.

Der klassische **Kindersitz** über dem Gepäcksträger ist eine unkomplizierte, allerdings nicht besonders sichere Option für kurze bis mittlere Strecken.

Der gezogene **Anhänger** eignet sich vor allem für sportliche Radfahrer und Familien, die einen großen Aktionsradius und Flexibilität bei ihrer Freizeitgestaltung zu schätzen wissen. Der klassische **zweispurige Anhänger** – also mit einer Achse und zwei Rädern – zeichnet sich durch seine Wandlungsfähigkeit im Familienalltag aus, der **einspurige Anhänger** – also ein Anhänger mit nur einem Rad – punktet mit exzellentem Fahrverhalten, hoher Reisegeschwindigkeit und hervorragender Geländetauglichkeit.
Ein Kinderanhänger bietet im Gegensatz zum Kindersitz nicht nur besseren Schutz vor Sonne und Witterung, sondern auch ein viel größeres Maß an Sicherheit. Bei einem Sturz ist das Kind durch den Rahmenkäfig und Gurte gut geschützt, selbst wenn der Anhänger kippen sollte. Wenn ein Anhänger dementsprechend ausgestattet ist, kann er sogar ein richtiges „Schlafmobil" werden, in dem die Kinder mindestens so gemütlich und komfortabel wie in einem Kinderwagen ihren Mittagsschlaf absolvieren können.

Der **Pedal-Trailer** eignet sich kaum zum Schlafen, sondern kommt dem Bewegungsdrang größerer Kinder entgegen: Er wird wie ein klassischer einspuriger Anhänger am Fahrrad angehängt, das Kind kann hier allerdings selbst mittreten und so aktiv mitfahren. Die Kinder sind dabei angeschnallt und sitzen daher sicherer als auf

einem am Elternfahrrad fixierten Kinderfahrrad. Eine interessante Alternative ab einem Alter von circa drei bis vier Jahren.

Anhänger – Einspuriges Lastenfahrrad – Pedaltrailer

1.3 Ab welchem Alter kann mein Kleinkind mitfahren?

Das Einstiegsalter im Kindersitz liegt bei ca. einem Jahr, vorausgesetzt das Kind kann schon einige Zeit alleine sitzen.

Im Fahrradanhänger sieht die Sache schon anders aus: Eine Babyhängematte oder eine Babyschale (siehe Seite 79) für Fahrradanhänger ermöglicht es, schon Kleinkinder ab einem Monat auf kurzen Strecken mitzunehmen. Sobald die Kinder gut selber sitzen können, kann man diese ersten Hilfsmittel im Anhänger entfernen. Im Anschluss sollten aber unbedingt Sitzverkleinerer mit Nackenstützen verwendet werden.

Fotomodell Peter, 7
Wochen, mit seinem
Papa beim ersten Test-
spaziergang in der
Babyhängematte

Mein Sohn war mit circa acht Wochen in der Babyhängematte das erste Mal mit von der Partie. Klar, die Erfahrungen mit der großen Schwester haben mir die Sache deutlich leichter gemacht. Außerdem war er kräftig
gebaut und ein unkompliziertes Baby. Ich habe mit der
ersten Ausfahrt so lange gewartet, bis ich das Gefühl
hatte, dass er zumindest ein wenig versteht, was da so
um ihn herum passiert. Er konnte nun elementare Ein-
drücke verarbeiten und ich ihm mit meiner Anwesenheit
und meiner Stimme Sicherheit und Vertrauen schenken.
Vor der ersten Ausfahrt hatte ich den Fahrradanhänger
mit der Babyhängematte auch schon als Kinderwagen
im Einsatz gehabt – so konnte ich seine Liegeposition
gut beobachten und die Gurte für ihn perfekt einstellen.

Gerade das Anschnallen ist bei Babys eine heikle Sache
– die Gurte müssen perfekt sitzen. Allerdings sind nicht
alle kleinen Erdenbürger mit dieser Prozedur einverstan-
den. Hier ist Geduld und Contenance angesagt, da gerade bei Babys die korrekte Sitzposition enorm wichtig ist.
Also bitte auch bei aufgebrachtem Baby-Protest: Ruhig
bleiben...sobald der Wagen rollt wird sich das Kleine mit
allergrößter Wahrscheinlichkeit in Windeseile beruhigen
und staunend die Fahrt genießen...

14

Wichtig ist, schon ab der allerersten Ausfahrt am Rad unbedingt das Netzverdeck des Anhängers zum Schutz vor Steinchen, Insekten etc. zu schließen.

1.4 Die prinzipielle Kaufentscheidung

Zwei der häufigsten Fragen, die mir im Laufe der Zeit gestellt worden sind, seien gleich zu Beginn angesprochen: Welchen Anhänger sollen wir kaufen? Wie viel Geld müssen wir dafür ausgeben?

Viele Eltern scheuen sich vor der (zugegeben nicht geringen) Investition in einen Kinderanhänger, weil sie Angst haben, das Kind würde dann, nach der Anschaffung, vielleicht gar nicht mitfahren wollen. Meine Meinung: Ob Sie und Ihr Kind mit einem Fahrradanhänger Spaß haben, können Sie nur in der Praxis herausfinden. Ein paar Proberunden im Anhänger von Freunden sind auf jeden Fall schon ein kleiner Indikator, aber wie es dann wirklich im Familienalltag aussieht, kann man nur erfahren, wenn man den eigenen Anhänger daheim zur Verfügung hat und im Familienalltag jederzeit darauf zugreifen kann!

Kaufen, ausprobieren, Zeit lassen.

Grundvoraussetzung ist natürlich die Begeisterung für das Radfahren – und diese mit dem Nachwuchs zu teilen. Wenn die Eltern Spaß haben und dem Kind Sicherheit und Freude vermitteln, ist das schon mehr als die halbe Miete! Finanziell beruhigend: Der Wiederverkaufswert eines gut gewarteten Markenprodukts ist sehr hoch, wirft man einen Blick auf diverse Gebrauchtbörsen und Internetauktionshäuser...

Manche glauben, die Lösung für das „Investitionsproblem" im Kauf eines besonders günstigen Modells zu finden, weil dann „ist ja nicht viel verloren..."
Großer Irrtum, wie ich meine: Mangelnde oder gar keine Federung, billig verarbeitete Sitze und Gurte, schlechte Materialien etc. machen wenig Lust auf Einsteigen und Mitfahren. So ein spartanisch ausgestattetes Billigteil aus dubioser Quelle kann Eltern und Kindern schon in

den ersten Minuten jegliche Freude nehmen! Diese Gefährte sind aber hervorragend für den Transport leerer Tetrapacks ins Altstoffsammelzentrum geeignet.

Apropos Transport: Der Anhänger ist ein fantastisches Transportmittel für Lasten aller Art, auch wenn keine Kinder (mehr) mitfahren: Einkäufe, sperrige Pakete, meterhohe Pflanzen plus einen Sack Blumenerde, aber auch hochsensible elektronische Geräte unter der wasserdichten Plane, vollgefedert und eingepackt im kuscheligen Babyschlafsack... So mancher Kinderanhänger ist auf diese Art und Weise auch noch viele Jahre nach seiner Dienstzeit als Kinderrikscha noch als Lastenanhänger im Dauereinsatz. Aber nicht nur im Alltag, sondern auch als Transportanhänger bei Radreisenden sind unbemannte Kinderanhänger immer wieder zu sehen.

1.5 Neu oder gebraucht?

Hochwertige Kinderanhänger in gutem Zustand werden am Gebrauchtmarkt in der Regel zu saftigen Preisen gehandelt, Schnäppchen sind selten an der Tagesordnung. Man sollte das Gerät unbedingt vor dem Kauf genau überprüfen. Abgesehen von den üblichen technischen Checks sollte vor allem der Zustand der Außenhülle und des Bodens genau kontrolliert werden, deren Austausch im Nachhinein sehr kostspielig und mühsam sein kann.

Wer gebraucht kauft, verzichtet auf Händlersupport und Garantieansprüche.

Checkliste für die Inspektion des Anhängers beim Gebrauchtkauf:

- ➲ Befinden sich Löcher in Außenhülle oder Boden?
- ➲ Ist das Zubehör vollständig? Gurte, Taschen, Fahne, ...
- ➲ Sind die Reifen stark abgenutzt?
- ➲ Laufen die Lager der Laufräder leichtgängig?
- ➲ Sind die Metallteile des Anhängers stark von Rost befallen?
- ➲ Funktionieren die Bremsen einwandfrei?

1.6 Einspurig oder zweispurig?

Wer den Anhänger auch als Buggy verwenden will oder zwei Kinder zu transportieren hat, greift zum zweispurigen Modell. Zweispurer mit Achskupplung bieten meist großen Stauraum und erlauben auch die gleichzeitige Montage und Verwendung eines Kindersitzes am Fahrrad.

Zweispuriger Anhänger im Buggy-Einsatz

Wer gerne abseits der Straße unterwegs ist, sollte sich für ein gefedertes einspuriges Modell entscheiden. Der Komfort für die Kinder und die Fahrsicherheit sind sehr hoch und es gibt nur wenige Einschränkungen bei der Routenwahl. Auch im urbanen Umfeld und am Radweg können Einspurer durch ihre Wendigkeit und die geringe Breite punkten.

Die zur Zeit erhältlichen einspurigen Anhänger sind allerdings nicht als Kinderwagen zu verwenden und bieten nur Platz für ein Kind. Am Rande bemerkt: Der Transport

von zwei Kindern ist auch mit einspurigen Anhängern
möglich: Mit zwei Fahrrädern! Wenn beide Elternteile in
die Pedale treten...

1.7 Kann ich den Anhänger mit den Kindern überhaupt ziehen?

Grundsätzlich: Ja, natürlich!
Die Frage ist in Anbetracht des zusätzlichen Gewichts
und des Luft- und Rollwiderstands eines Kinderanhängers allerdings nicht ganz unberechtigt.

Wichtig ist ein gut funktionierendes Zugfahrrad und ein
der eigenen Kondition angepasstes Tempo. Bei der Routenwahl sollte man anfangs auf heftige Steigungen verzichten. Wer die Sache langsam angeht und sein Pen-
sum kontinuierlich steigert, wird rasch seinen Aktionsradius erweitern. Der Trainingseffekt beim Fahren mit Anhänger ist enorm. Viele anfangs „unmöglich" scheinende
Strecken werden bald in den Routenalltag Einzug halten.
Sie werden Augen machen, was Sie denn nach einigen
Wochen mit dem Anhänger alles den Berg hochziehen
können… und noch mehr staunen (und lächeln), wenn
sie dieselbe Steigung eines Tages wieder ohne Anhänger hochfliegen werden.

Wer früh mit dem Anhängerfahren beginnt, steigert seine
Kondition natürlich auch mit dem zunehmenden Gewicht

des Kindes... man wächst also mit seinen Aufgaben – versprochen! Aus 6 kg Kind plus Windeln zu Beginn werden nach ein paar Jahren irgendwann 14 kg Kind plus Jause, Laufrad, Sandspielzeug, ...

Einspurige Anhänger wie der Singletrailer sind dabei deutlich leichter als zweispurige Modelle und bieten Wind und Asphalt deutlich weniger Angriffsfläche.

Das zusätzliche Gewicht kurz durchgerechnet:

Szenario 1: Einspuriger Anhänger (10 kg), ein paar Monate junges Kind mit 6 – 7 kg, minimales Gepäck: Ein Gesamtgewicht von unter 20 kg ist durchaus realistisch.

Szenario 2: Ein Zweispurer (14 kg), ein Kind mit 10 kg plus Proviant, Werkzeug, Windeln, Kleidung ergeben zusammen ein Gewicht von knapp 30 kg – bei einem Körpergewicht von 55 kg einer leichtgewichtigen Fahrerin entspricht das mehr als der Hälfte des eigenen Körpergewichts (Fahrrad nicht eingerechnet!).

Auch mit einspurigen Anhängern lassen sich zwei Kinder transportierern: Wenn beide Eltern ziehen!

Szenario 3: Zwei mittelschwere Kinder (26 kg) plus massiver Doppelanhänger (18 kg) plus Kindersitz (2,5 kg, falls es hinten im Anhänger irgendwann doch zu eng wird …) plus Laufrad und Kinderrad (10 kg), plus Packtaschen mit Badesachen, Werkzeug, Picknickdecke, Proviant, Wasser plus extra Zuckermelonen… die Zuladungsmarke von 65 kg wird bei mir mittlerweile regelmäßig geknackt…

E-Bikes / Pedelecs helfen, Anstiege auch mit Anhänger locker zu bewältigen

Ein E-Bike kann aufgrund dieser Tatsachen eine durchaus lohnende und keineswegs „peinliche" Investition sein. Moderne E-Bikes erfüllen ihre Unterstützerrolle beim Ziehen von Kinderanhängern in der Regel sehr gut. Das E-Bike ist allerdings kein Allheilmittel – irgendwann kommen auch diese Antriebe an ihre Grenzen. Bei langen und heftigen Steigungen können manche Antriebstypen überhitzen und stellen dann nur mehr einen Bruchteil ihrer Leistung zur Verfügung.

2. In der Praxis

2.1 Die erste Ausfahrt

Die ersten Startversuche sollten sehr behutsam ange-
gangen werden: In Ruhe im Park, fernab von Autos und
Stressfaktoren, einfach mal die Kinder reinsetzen, ein
paar Meter fahren, stehen bleiben, kommunizieren, dann
ein paar kleine Runden drehen.

Geduld und viel Kommu-
nikation mit dem Kind
sind das „A" und „O"

Das Feedback der Kleinen ist hier besonders wichtig. Achten sie anfangs nicht zu sehr auf die tolle Kurvenlage des Anhängers, sondern vor allem auf die Reaktion der kleinen Passagiere! Ihre Kinder werden nicht lange mit ihren Kommentaren hinterm Berg halten. Auf der ersten richtigen Ausfahrt gilt es, den ambitionierten Sportgeist noch etwas zu bremsen. Man sollte öfters stehen bleiben und nach dem Rechten sehen, Kreuzungen und Ampeln genüsslich für einen Plausch mit dem Sprössling nutzen. Und wenn die oder der Kleine etwas will, wird es bestimmt auch rasch bis zum Zugtier durchdringen.

Viele Kleinkinder schlafen im Radanhänger übrigens innerhalb kürzester Zeit ein, sofern das nächste „Schlafintervall" nicht allzu weit entfernt ist. Das gemütliche Schaukeln, die frische Luft und die vorbeiziehende Landschaft wirken offenbar ungemein beruhigend...

Wer einen Fahrradanhänger besitzt, der auch als Kinderwagen zu benutzen ist, kann das Kind natürlich vorher im „Buggymodus" (also zu Fuß schiebend) an das Gefährt gewöhnen. Auch die Eltern können sich so mit dem Anschnallen des Kindes stressfrei vertraut machen und die Sitzposition des Kindes gut beobachten.

Wenn das Kind bei der ersten Ausfahrt schon in einem Alter ist, in dem es sich deutlich artikulieren kann, ist die Sache natürlich viel leichter. Hier sollte man wirklich auf das Kind hören und ein „Ich mag jetzt nicht mehr" sehr ernst nehmen – auch wenn man als Erwachsener gar keine Lust hat, an einer gar unwirtlichen Stelle anzuhalten und zu pausieren. Durchhalteparolen sind da gerade am Anfang fehl am Platz!

...und der Wille der Kinder

Gerade in der Phase, in dem sich das Bewusstsein und der eigene Wille des Kindes sprunghaft entwickeln, sollte man besonders aufmerksam und umsichtig reagieren.

Bei meinem Sohn war dies zum Beispiel sehr deutlich im Alter von ca. 12 – 14 Monaten zu beobachten: Es gab

einige Situationen, in denen er mir völlig unvermittelt – aber unmissverständlich – mitteilte: Ich will JETZT aussteigen, obwohl ich Essen und Trinken in Griffweite habe, ich mich gerade am Spielplatz ausgetobt habe und du mir erzählst, dass wir jetzt wieder zur Mama nach Hause fahren...ist mir alles egal!
Ich WILL – JETZT – RAUS!
Also gut, stehenbleiben, rausnehmen, großes Grinsen auf seinem Gesicht, Picknickdecke raus, Lager auf der Wiese aufgeschlagen und eine Viertelstunde Spiel und Spaß... und dann ging es jedes Mal (aus eigenen Stücken) mit bester Laune zurück in den Anhänger – und singend und brabbelnd nach Hause.

Dafür, dass eine dieser Spontanpausen neben dem Radweg direkt unter einer Schnellstraßenkreuzung der Nordbrücke in Wien stattfinden musste, ernteten wir so manchen verständislosen Blick... aber es musste eben JETZT sofort sein... ohne wenn und aber... zehn Minuten später kletterte der Junior wieder selbst in den Anhänger zurück: Ich bin bereit, JETZT können wir heim!
Ist das Kind etwas älter, kann man natürlich schon anders agieren: Ja, ich hol dir das Buch an der nächsten Ampel raus / Ja, da vorne bleiben wir kurz stehen...

Auch wenn Kinder, gerade im Alter von zwei bis drei Jahren, ihre Eltern mit durchaus speziellen Anliegen auf Trab halten, habe ich immer versucht auf alle Wünsche und Meldungen einzugehen. Man kann den Kindern auch vieles erklären – und sie kennen häufig benutzte Wege bald mit einer unglaublichen Genauigkeit...
„Papaaaaaaaaaaaa, mein Ring ist runtergefallen! Papaaaaaaaaaaaaaa!!!" – „Ich KANN jetzt nicht stehenbleiben, weil es gleich fürchterlich regnen wird, aber wenn wir da vorne unter der Brücke sind, halten wir an, suchen den Ring und du kannst raus – dort sind wir dann im Trockenen." „Ahhh, das ist eine gute Idee. SO machen wir das!"

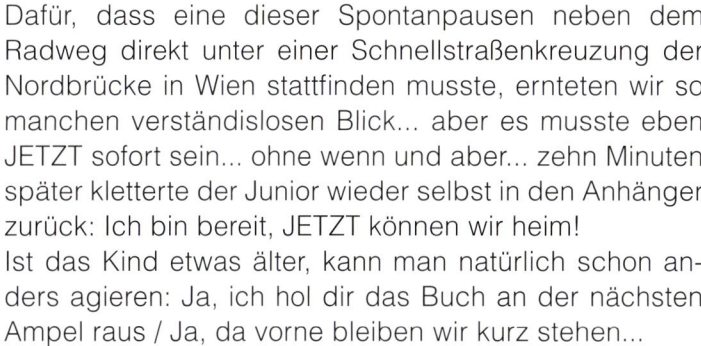

Pause!

Das Ganze gibts aber auch umgekehrt: „*Papaaaaaaaaa, fahr langsamer!*" – „*Warum denn, sonst willst du immer, dass ich schneller fahre?!*" – „*Ja, weil ich möchte nicht, dass wir schon am Spielplatz sind, bevor ich meine Salzstangen aufgegessen habe, weil ich habe noch fünf und wir sind leider gleich da!*" – „*Gut.*"

2.2 Panne mit Kind – Oh mein Gott!

Was mach ich, wenn ich mitten im Wald einen Platten habe? Und das Kind hundemüde und hungrig ist? Panik!

Nicht unbedingt, würde ich meinen.

In solchen Notsituationen haben meine Kinder immer fantastisch reagiert – und genau gespürt, dass sie jetzt mal lieber nicht quengeln und keinen Blödsinn machen sollten, solange der Papa mit besorgtem Blick das Fahrrad in Einzelteilen vor sich liegen hat. Ich hab kommentiert, repariert, erklärt…das Kind hat aufmerksam zugehört, beobachtet, ebenfalls kommentiert und schließlich den Imbusschlüsselsatz sorgfältig am Waldboden geordnet. Wenn der Papa repariert, müssen die Kinder natürlich auch mit Werkzeug spielen – und nicht mit dem an sich ja reichlich mitgeführten Spielzeug! War ja zu erwarten.

Das Wort Kabelbinder hat meine Tochter mit 20 Monaten in ihren aktiven Sprachschatz aufgenommen...

Auch so mancher Platzregen hat uns in rettende Bushaltestellen oder Pavillons geführt und uns dort schon mal für eine Stunde gefangen gehalten. Spannend ist es immer gewesen, wenn der Regen runterprasselte und kein Mensch mehr auf die Straße ging. Die Kleinen sind immer fasziniert UND amüsiert gewesen von dieser gespenstischen Situation! Alles klar, hier MÜSSEN wir jetzt bleiben bis das Unwetter vorbei ist, DAS ist aber ein tolles Spiel!!! Alles kein Problem.

2.3 HUNGER!

Unterwegs mit Kindern,
Essen mitnehmen. Logisch.

Es ist allerdings sehr ratsam, mit Kindern im Anhänger immer deutlich mehr als üblich einzupacken...

Essen im Anhänger war und ist für Kinder eine praktische Sache: Man kann zu Hause vor der Abfahrt oder dann am Ausflugsziel jede wertvolle Sekunde zum Spielen und Rumtoben verwenden, hat man dann doch in der Rikscha jede Menge Zeit, um sich auszurasten und den On-Board Service mit à-la-carte Menü auszunutzen. Was an Essbarem in Kunstoffboxen, Tüten oder verschließbaren Bechern mitgeführt wird, ist natürlich jedem selbst überlassen. Im Laufe der Zeit war bei uns schon fast alles dabei: In erster Linie Obst und vorgeschnittenes Gemüse, Fruchtriegel, Brote, Käsewürfel, Jausenwürstel, Nudeln,...

Wer mit den Kindern gemeinsam den kleinen Jausenrucksack packt, fördert die Eigenverantwortung der

Kinder. Sie wissen dann genau, was mit von der Partie ist und können sich, obwohl sie angeschnallt sind, nach Belieben aus ihrem Rucksack bedienen, ohne während der Fahrt die Hilfe der Eltern einfordern zu müssen.

Eine besorgte Mutter hat mir einmal die Frage gestellt, ob ich denn keine Angst hätte, dass sich meine Kinder beim Essen verschlucken und ich das nicht bemerken würde. Sie hätte Bedenken, ihrer Tochter im Radanhänger Essen anzubieten. Da muss wohl jeder sein Kind selber kennen und einschätzen. Ich habe bei meinem Sohn im Alter von 8 – 12 Monaten bewusst auf Äpfel oder Weintrauben im Anhänger verzichtet, weil er die dicken Schalen beim Essen außerhalb des Anhängers auch öfters wieder ausspuckte. Geschälte Gurkenscheiben, Nudeln, Bananen, Fruchtriegel, Brot etc. waren aber schon ab einem Alter von acht Monaten ohne Bedenken und ohne Probleme mit von der Partie.

...DURST!

Ganz wichtig ist die Wasserflasche für die Kinder. Bei kleinen Kindern empfiehlt sich die Verwendung von Flaschen mit Auslaufschutz oder Ventil, um ein unbeabsichtigtes Ausfließen zu vermeiden. Meine Kinder sind oft mit der Trinkflasche in der Hand eingeschlafen... Später kann man gut und gern auf die klassische Kinder-Sigg-Flasche zum selber Auf- und Zudrehen wechseln.

Es klingt jetzt zwar nach Expeditionsratgeber, aber die insgesamt mitgeführte Wassermenge sollte man keinesfalls unterschätzen. Kinder UND Eltern bewegen sich draußen, meist bei gutem Wetter – und nicht immer ist

Trinkwasser zum Nachfüllen vorhanden. Das Ziehen eines Anhängers macht deutlich durstiger und hungriger als eine Solo-Radtour! Und das Spielen im Freien macht auch die Kinder deutlich durstiger und hungriger, als in der Wohnung Bausteine zu sortieren...

...und die eiserne Reserve

Auch ein Kindersnack für die Heimfahrt ist bei uns immer als Reserve parat. Logisch, wenn man so viel spielen und klettern muss, kann es schon mal passieren, dass man den Hunger erst auf der Heimreise bemerkt. Trotz stets großzügig dimensioniertem Proviant haben bei unseren Ausflügen nur ganz wenige Krümel das Glück gehabt, den Heimathafen wieder zu erblicken... Auch wenn eine Gastwirtschaft das Ziel ist, packe ich ein Basispaket. „Wegen Pensionierung geschlossen" oder ähnliches hätte uns sonst schon bei so manchem Ausflug ordentlich den Spaß verdorben...

Prägendes Erlebnis: 5. Oktober 2011, Ötztal, Prachtwetter. Start von Umhausen (1031 Meter über dem Meer) zur Larstigtalalm (1777 MüdM) – Ziel: Nudelsuppe essen! Tochter (22 Monate jung) schläft gemütlich ein, zügige Auffahrt durch die herrliche Forststraße (bis 17%)... Das Zugtier freut sich auch schon auf die Kaasknödel... „GESCHLOSSEN".

Tja. Eiliges Weiterfahren zur Horlachalm (1850 MüdM) „GESCHLOSSEN" – Tochter mittlerweile aufgewacht, „Gleich gibts was, warte noch ein wenig!"
Denn ganz oben ist ja noch die Gubener Hütte, (2028 MüdM), die ist groß, die müssen offen haben, durchhalten!! Die Tochter singt einstweilen ihre Fassung von „Das alte Haus von Rocky-Doky", Tempo wird nochmals beschleunigt, der Blutzucker des Vater geht gegen null. AUCH ZU. ALLE HÜTTEN HABEN ZU AB OKTOBER.
Aha. So ist das also hier.
Gott sei Dank, in den Untiefen des Rucksacks vergraben: Ein Rettungskornspitz für die Tochter und der eiserne

Reservemüsliriegel aus dem vorigen Jahrhundert für den Vater. Und zu guter Letzt eine völkerverbindende Sachspende eines ebenfalls hier oben gestrandeten, lustigen französischen Alpinisten an meine Tochter: Sein letzter Apfel! La Grande Nation versteht halt was von Radsport. Der Tag ist gerettet, alle drei bester Laune.

„Papa, Mann, koooooomische Engelisch!" – „Nein, das war FRANZÖSISCH. Die Franzosen haben eine große Liebe zum Radfahren." – „Aaaaaah!"

2.4 Schlafen – Aufwachen

Viele Kinder lieben es, im Fahrradanhänger zu schlafen. Der Lieblingspolster und gut gemachte Kopfstützen in Verbindung mit schlaftauglichen Routen waren bei meinen Kindern immer eine absolute Schlafgarantie... natürlich nur, wenn gerade ein Schlafintervall anstand.

Individuell angepasste Kissen helfen zu einer gemütlichen Schlafposition

Sobald ihr Kind während der Fahrt einschläft, sollten Sie unbedingt kurz stehenbleiben und die Sitz- bzw Liegeposition des Kindes überprüfen. Sollte der Kopf nicht

gemütlich und sicher aufliegen, können Sie jetzt gegebenenfalls die Kissen zurechtrücken oder die Gurte straffen.

Manche Kleinkinder schlafen nur im FAHRENDEN Anhänger prächtig – wachen allerdings, wenn das Gespann stehenbleibt und nicht mehr dahintuckert, mit hoher Wahrscheinlichkeit auf. Vor allem, wenn die übliche Schlafzeit schon fast „abgelaufen" ist.

Wer auf den letzten Metern seiner Ausfahrt verhindern will, dass sein Baby nach enstpanntem Schlaf zum Beispiel beim Warten an einer roten Ampel zu früh aufwacht, kann sich eines überaschend gut funktionierenden Tricks bedienen: An der Ampel die Vorderbremse des Rads ziehen und dann mit dem Fahrrad vor- und zurückwippen. Das enspricht dann dem klassichen Kinderwagenschaukeln – nur eben mit dem Fahrrad. Funktioniert übrigens noch besser mit offener Federgabel.

Wenn das Kind einmal während der Fahrt aufwacht, keine Panik: Meine Kinder sind ausnahmslos äußerst entspannt aufgewacht, haben erstmal die vorbeirauschende Landschaft genossen – und dann langsam Bescheid gegeben, dass sie jetzt munter sind.

Mein Sohn hat sich sich – zu meiner besonderen Belustigung – ab dem Alter von eineinhalb Jahren auf punktuelles Ausrufen seiner Beobachtungen beim Aufwachen spezialisiert: *„DRAGTOR! GATZE, MIAU! TATUEETATAAA!"*

Das geht aber auch schon ohne aktiven Wortschatz! Wenn hinten angeregtes Brabbeln oder Dahinsummen zu hören ist, weiß man Bescheid. Dann heißt es natürlich: Ehestmöglich stehen bleiben, einen „Guten Morgen" wünschen und das Kind gegebenenfalls rausnehmen. Oder aber die Restmüdigkeit nutzen und den verbleibenden Weg – nach Absprache mit dem Kind – fortsetzen, wenn das Ziel schon in greifbarer Nähe ist. In diesem Fall dem Kind gleich die Wasserflasche, einen Snack oder ein Buch reichen, erklären, was Sache ist und „im Gespräch" bleiben...dann sind die verbleibenden Minuten bis zum Spielplatz gar kein Problem.

2.5 On Board Entertainment

2.5.1 Singen im Anhänger

Singen zählt seit der Urzeit zu den beliebtesten Aktivitäten im Anhänger. Vor allem auf langen rasanten Abfahrten hat sich das gemeinsame Singen bzw. im zarten Alter des Kindes das Vorsingen von Liedern durch das Zugtier als großer Publikumserfolg bestens bewährt. Mein Sohn hat schon als Einjähriger seine eigenen Melodien geträllert, die Große ohnehin in allen Ton- und Dynamikstufen. Auf ruhigen Waldstraßen hat ein Kind einfach die besten kompositorischen und textlichen Ideen...

Sehr beliebt sind auch Themenlieder: „Tausend Regen- / Hageltropfen, aufs Verdeck dir klopfen, überall ist Matsche, dicke fette Patsche!". Da macht dann auch der Wolkenbruch im trockenen Anhänger Spaß und nahm meinen Kindern schon in sehr jungen Jahren die Angst vor wildem Geprassle und aufspritzender Gischt beidseits des Anhängers...

Besonders lustig wird der Wolkenbruch aber in einem Alter, in dem das Kind dann wohlwissend-amüsiert nach nur einer Minute absolutem Platzregen-Inferno von hinten brüllt: *„Papaaaaaaaaaaaaaaaaaaaaaaa? Kannst du mich höööööööööööööööööööööööööööööööööröööö-ren??" – „Jaaaaaaaaaa!" – „Sind deine Socken jetzt schon gaaaaaaaaaaaaaaaanz naaaaaaaaaaaaass??" – „Ja." – „Und deine Hooooooooooooooooose auch?" – „Jaaaaaaaaaaa." – „Gut."*

2.5.2 Die Anhängerbibliothek

Ein Anhänger ist nur so gut, wie seine Bibliothek. Dem Alter des Kindes entsprechend empfiehlt es sich, stets eine gut sortierte Auswahl an Bilderbüchern mitzuführen und diese auch regelmäßig gegen neue Modelle auszutauschen. Achten Sie auf die Verwendung kleiner Buchformate, das „Supergroße Sommerwimmelbuch" im A3-Format lässt sich in keinem uns bekannten Anhänger

vollständig aufklappen und führt daher unweigerlich zu großer Verzweiflung bei den LeserInnen. Alles schon dagewesen. Anfängerfehler.

2.5.3 Hörspiel im Anhänger

Für Hörspielfans natürlich eine tolle Sache: Kopfhörer rauf, Mp3-Player an und los gehts.

2.5.4 Tiere im Anhänger

Unbedingt! Aber bitte nur aus Stoff... Großartige Gefährten im Anhängeralltag...

2.5.5 Spielsachen im Anhänger

Autos, Bagger, Bälle, Lego... alles kommt mit!
Achten Sie allerdings auf mögliche Verletzungsgefahren und lassen Sie eventuell gefährliche Spielsachen draußen...das Kind ist im Anhänger weitgehend unbeobachtet. Wenn die Kinder selbst ihre Rucksäcke packen, ist immer alles Wichtige dabei und für die Kinder im Anhänger ohne Hilfe der Eltern erreichbar!

Aus einem kleinen Rucksack können sich die Kinder im Anhänger selbst bedienen

2.5.6 Reisessen im Anhänger

Sogar das ist möglich: Meine Tochter hat es im Alter von zweieinhalb Jahren während der halbstündigen Fahrt auf einem Forstweg geschafft, eine große Portion Reis aus der Tupperware mit dem Löffel zu essen, ohne dabei ein einziges Korn auf dem Boden zu deponieren... Es MUSSTE an diesem Tag warmer Reis und der TÜRKISE Löffel sein!

2.6 Was alles mit muss... die Packliste

Hier mein Vorschlag für eine Packliste – ohne Anspruch auf Vollständigkeit...

➲ 1. Erste-Hilfe-Paket

Ein Basis-Verbandspaket sollte immer dabei sein, der Umfang sei jedem selbst überlassen. Nicht nur für die Reise, sondern auch am Spielplatz eine wichtige Sache, gerade wenn man sich an zivilisatorisch weniger erschlossenen Orten aufhält.

Herkömmliche First-Aid-Kits sollten dabei unbedingt mit den psychologisch ungemein wertvollen Dinosaurierpflastern erweitert werden – in Kombination mit Gummibärchen kann so ein Großteil aller Unfälle erstklassig behandelt werden.

➲ 2. Werkzeug

Ein Basis-Werkzeug-Set für unterwegs ist ein Muss, um sich bei kleinen Defekten rasch selbst helfen zu können. Das Gewicht dieser Multitools ist minimal, die Qualität überraschend gut. Wichtig ist dabei, sein Fahrrad und seinen Anhänger auch auf exotische Anforderungen zu überprüfen (z.B. Torcx-Schrauben), um auch darauf vorbereitet zu sein. Für den Platten sollte man natürlich prinzipiell gerüstet sein, gute Reifenheber sind der erste Schritt.

Hinweis für E-Bikebesitzer: Ein Laufradausbau bei Nabenmotoren erfordert zumeist einen „echten" Gabelschlüssel. Wer den nicht mithat, ist bei einem Platten am Hinterrad machtlos!

Da man die Geduld von Kindern bei Pannen grundsätzlich nicht überstrapazieren sollte, ist es auf jeden Fall ratsam Ersatzschläuche mitführen. Und zwar in allen notwendigen Dimensionen: Einen fürs Fahrrad und einen für den Anhänger! Damit ist das Problem in Windeseile gelöst. Ich habe so manchen Schlauchwechsel auch bei schlafendem Kind durchgeführt – sowohl beim Fahrrad als auch beim Anhänger.

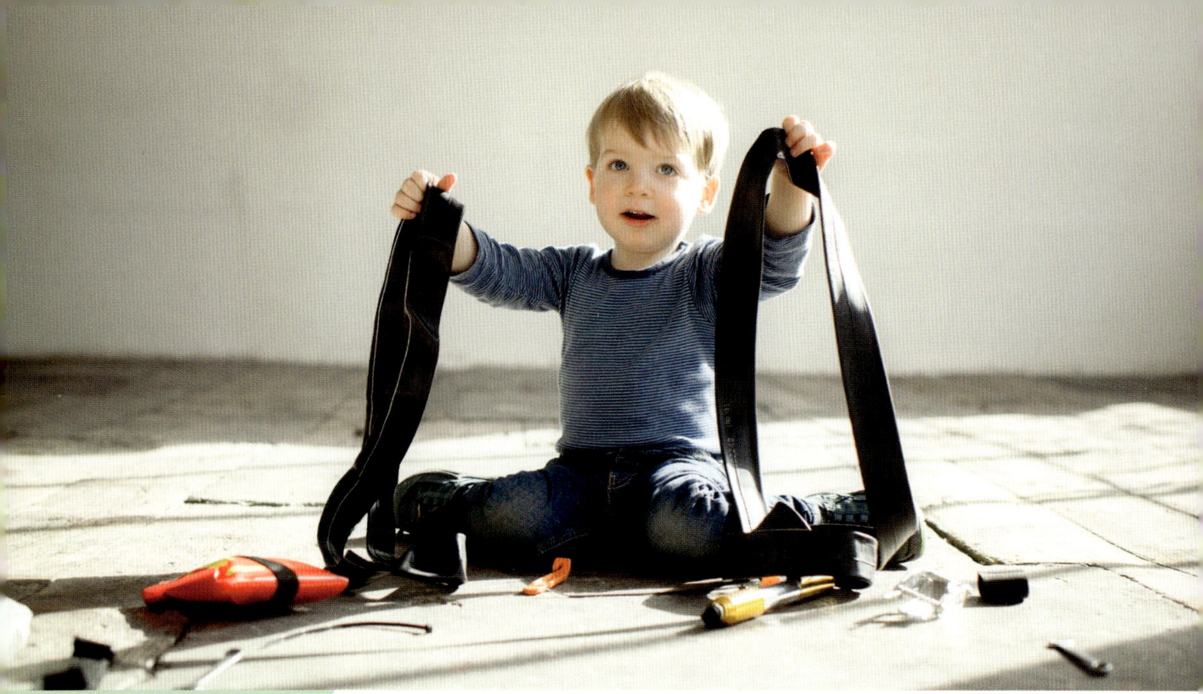

Ersatzschläuche für Fahrrad UND Anhänger

Das klassische Flickzeug hat natürlich auch seine Daseinsberechtigung, sollten die Sprösslinge zufällig Zeit und Lust dazu haben: Löchersuchen und -flicken mit Kindern bietet durchaus spannende Aspekte für alle Beteiligten!

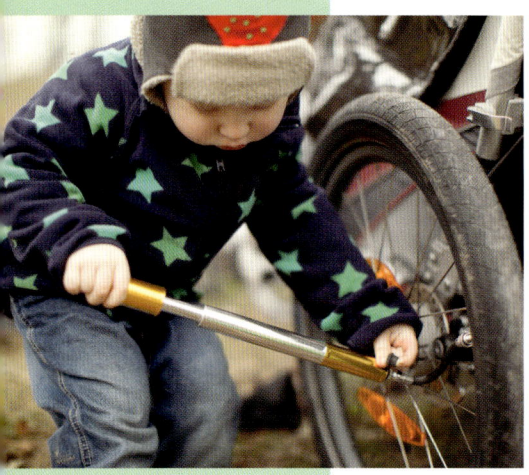

Bei der Mini-Luftpumpe sollte man ein Modell mit kurzem Schlauch wählen, um das Ventil nicht unnötig zu belasten. Damit erreicht man auch die Ventile der kleinen Anhängerlaufräder problemlos.

Ein paar Kabelbinder haben auch schon die eine oder andere Notsituation entschärft: Bei einem ausgerissenen Druckknopf am Verdeck, beim Eigenbau einer improvisierten Fahne, weil die alte irgendwo im Wald von einem Strauch zurückbehalten worden ist,...

3. Windeln

Windeln, Feuchttücher. Eh klar. Bei mir ist in jedem Anhänger auch eine Reservewindel deponiert. Shit happens...

⮕ 4. Essen

Hatten wir ja schon. Auch an die Heimfahrt denken.

⮕ 5. Trinken

Genug Wasser für alle. Der Durst im und vor dem Anhänger ist groß.

⮕ 6. Ersatzkleidung / Regenkleidung

Und zwar für alle!

⮕ 7. Spielsachen / Kinderbücher

⮕ 8. Notgroschen

Ein paar Euros sollte auch der unabhängigste Radler mit Kindern dabei haben: *„Papa, ich möchte AUCH Erdbeeren kaufen, so wie der Bub da drüben!!!"*

⮕ 9. Schlösser

Bei unerwartet auftauchenden Programmänderungen sind mitgeführte Schlösser eine beruhigende Notwendigkeit. Sei es im Positiven: *„Papa, da schau, da kann man Ponyreiten!!!!!!!"* Oder aber bei einer Panne, wenn das defekte Gespann zurückgelassen werden muss.

Praktisch ist das Schloss aber auch bei geplanten Übergabeaktionen: Papa bringt die Kinder im Anhänger zur Geburtstagsfeier, versperrt den Anhänger vor dem Haus der Gastgeber, Mama holt die Kinder später ab... Anhänger steht bereit. Oder wenn man einfach nur kurz im Supermarkt auf der Strecke einkaufen will. Fahrraddiebe sind mehr als dreist, ein Kinderanhänger weckt da leider keine Skrupel...

Nummernschlösser ermöglichen auch spontane Übergaben ohne Schlüssel – wenn zum Beispiel befreundete Eltern Kind und Anhänger vom Spielplatz mit nach Hause nehmen sollen, kann der Code auch mal per Telefon durchgegeben werden.

➲ 10. Das Plastiksackerl / Die Plastiktüte

Das mitgeführte Plastiksackerl (optimalerweise natürlich zwei…) ist ein weiteres unentbehrliches Accessoire und als TEIL des Anhängers anzusehen. Pilze, Bärlauch, Brombeeren, Heidelbeeren…. Irgendwann ist man im Wald zwar satt, aber sowohl Kinder als auch Eltern bringen es nicht übers Herz, die am Strauch verbliebenen Schmankerl hier mitten in der Wildnis alleine zurückzulassen. Auch die volle Windel muss im Fall des Falles nicht im Wald bleiben.

➲ 11. Die Picknickdecke

➲ 12. Das Taschenmesser

2.7 Routenplanung

Die Planung der Fahrstrecke ist eine essentielle Angelegenheit, wenn man mit Kleinkindern unterwegs ist. Je weiter man vom Straßenverkehr entfernt fahren kann, umso entspannter wird das Unterfangen für alle Beteiligten, auch wenn dadurch Umwege in Kauf zu nehmen sind. Die Route vorher schon einmal alleine abgefahren zu sein, ist anfangs beruhigend und ratsam.
Wer mit Kinderanhänger unterwegs ist, darf in Österreich übrigens wählen, ob er den Radweg oder die Straße benutzt (Benutzungspflicht von Radwegen ist aufgehoben).

Gut zu wissen, denn auch auf expliziten Radwegen oder Radrouten trifft man mitunter auf Situationen, die mit Kinderanhänger eine unüberwindbare Herausforderung darstellen können:

„Radfahrer bitte absteigen" – Kinderanhänger bitte ... beamen?!?

Ein „klassisches" Hindernis: Eine kurze Schiebestrecke über eine steile Stiege – auf einem ausgewiesenen Radweg, wohlgemerkt. Mit Anhänger – vor allem alleine – nicht zu bewältigen. Unpassierbare Engstellen sind mir eigentlich noch nie untergekommen. Wenn es wirklich eng wird: Im Schritttempo schiebend ist fast alles zu schaffen. Bei besonders engen 90°+ Kurven hilft oft das manuelle „ums-Eck-Heben" des Anhängers.

Wer mit Kindern unterwegs ist, hat meiner Meinung nach durchaus auch das Recht, sich, wenn es die Sicherheit des Kindes erfordert, als „Fußgänger mit Kinderwagen" zu definieren, und das Gespann im Schritttempo auf dem Trottoir oder durch die Fußgängerzone zu schieben. Wer sich gebührend verhält, wird dabei auch auf das Verständnis aller anderen Verkehrsteilnehmer stoßen.

...Steigungen...

Wer bei der Routenplanung Angst vor Steigungen hat, kann diese Strecken auch vorab alleine abfahren: Ein grober Erfahrungswert lautet: Ein Gang für den Anhänger, ein Gang für das zusätzliche Gepäck, ein Gang pro Kind. Wer also einen Anstieg ALLEINE mit dem drittleichtesten Gang seines Fahrrads gut bewältigt, wird vermutlich auch mit einem Kind und Anhänger ohne Probleme hinaufkommen. Bei besonders langen Steigungen sind natürlich noch konditionelle Fähigkeiten und äußere

Faktoren wie Hitze und Sonne ausschlaggebend: Ein Gang extra für besonders heiße Tage.

Am Einfachsten ist es natürlich, vorab mit dem mit zwanzig Kilo Kartoffeln beladenen Anhänger die eigene Kondition auszuloten... Generell ist bei Steigungen das Tempo für das Gelingen der Übung ausschlaggebend: Es empfiehlt sich, den Anstieg besonders langsam anzugehen und immer leichte Gänge und eine hohe Trittfrequenz zu wählen.

...Wind...

Gegenwind findet am Kinderanhänger natürlich ein gefundenes Fressen. Führt der Weg gegen den Wind, sollte man mit einer deutlich langsameren Reisegeschwindigkeit und höherem Zeitverlust rechnen, als vergleichsweise ohne Anhänger. Dabei muss der Wind nicht einmal 100% frontal auftreffen, auch seitlicher Gegenwind findet satte Angriffsfläche. Sich vor dem Gegenwind aerodynamisch zu ducken hilft leider wenig, wenn hinten der Anhänger in seiner vollen Pracht im Wind steht. Ein kleiner Trost: Auf der Rückfahrt darf man sich dann aber über ordentlichen Schub wie mit gehissten Segeln freuen...

...Straßenverkehr

Als Radfahrer ist man in der Stadt und im Straßenverkehr auch den Abgasen der Kraftfahrzeuge ausgesetzt. Eine große Zahl von Studien – besonders aktiv wird hier in Holland und Dänemark geforscht – hat gezeigt, dass die Abgasbelastung im PKW sogar höher (!) ist als am Fahrrad, da ein PKW im Stadtverkehr seine „Frischluft" gleichsam direkt aus dem vor ihm fahrenden Auspuff bezieht, während sich Fahrrad und Anhänger am Fahrbanrand oder auf dem Radweg neben der Straße bewegen. In Zahlen bedeutet das im Schnitt eine 1,5-1,7fache Mehrbelastung mit Ruß und eine 1,1 – 1,3fache Mehrbelastung mit Feinstaub im Inneren des Autos (!).

Wer Rad-, Wald- oder Feldwege und Ziele abseits der Autorouten wählt, kann die Gesamtproblematik natürlich erheblich reduzieren bzw komplett umgehen.

Es ist zwar oft der eine oder andere Umweg nötig, aber es gibt fast immer eine verkehrs- und abgasarme, anhängertaugliche Route, auch um aus einer Großstadt rauszukommen!

Hier gilt für mich persönlich: Die ersten fünf Radminuten auf dem Radweg neben der vielbefahrenen Straße (bevor ich auf Radrouten abseits des motorisierten Straßenverkehrs wechseln kann) versus vier Stunden Spielen im Wienerwald bei Topluft, die meine Kinder sonst in der Wohnung oder am Innenstadtspielplatz nicht geboten bekommen.

2.8 Tageszeitliche Reiseplanung

Wie intensiv man als Eltern den Fahrradanhänger in den Alltag integriert, hängt bei Kleinkindern natürlich auch in großem Maße von zeitlichen Aspekten ab. Vor allem, wenn man die Schlaf- und Rastzeiten des Kindes für die Fahrten verwenden möchte.

Diese Bedürfnisse und „Zeitpläne" der Kinder ändern sich im Laufe der Lebensjahre kontinuierlich. Im ersten Lebensjahr hat man meist die Möglichkeit, sowohl die Hin- als auch die Heimfahrt zu einem Ausflugsziel für den Schlaf der Sprösslinge zu nutzen. Bei gestillten Babys in diesem Fall bitte die Mama oder die Milch nicht vergessen...

Sobald sie untertags nur mehr einen Schlaf brauchten, haben es meine Kinder immer genossen, zu Mittag müde in den Anhänger zu klettern und eine bis eineinhalb Stunden später mitten in der Natur aufzuwachen. Voller Energie, bereit zum Spielen und bei bester Laune. Umgekehrt waren sie am Ende des (Spiel-)Nachmittages wieder froh, sich erschöpft im Anhänger heimchauffieren zu lassen.

Wenn die Rückfahrt zu spät angesetzt gewesen ist, sind sie dabei mitunter ein zweites Mal eingeschlafen... und dementsprechend spät ins Bett gekommen. Auch kein Weltuntergang, trotzdem gab es bald darauf bei uns im

Sommer eine neue, und sehr erfolgreiche Taktik: Die gesamte Familie blieb bis nach dem Abendessen am See oder bei den Gastgebern, ebendort wurden dann die Zähne geputzt und die Kinder sind dann – so wie mit ihnen vorher einvernehmlich abgesprochen – abends zu ihrer normalen Schlafenszeit auf der Heimfahrt im Anhänger eingeschlafen.

„Papa, ich schlafe jetzt gleich ein und du fährst aber noch weiter. Wenn wir zuhause sind, musst du mich gar nicht mehr aufwecken, du kannst mich einfach ins Bett tragen, bitte." – „Ja, mach ich."

Almfahrten sind eine tolle Ausflugsvariante für sportliche Eltern

Ein Touren-Klassiker mit besonders hohem Trainingsfaktor sind bei uns MTB-Almtouren im Gebirge... die Auffahrt dauert immer genauso lang wie der Mittagsschlaf und die Kleinen können besonders entspannt schlafen, weil der Anhänger langsam den Forstweg rauftuckert und der Sitz durch die Steigung noch weiter in Schlafposition liegt.

Der Gebirgswald versorgt Kind und Zugtier mit Schatten und guter Luft – und nach 1,5 Stunden und 1000 Höhenmetern sind alle Reiseteilnehmer bereit für eine Stärkung. Nach hochalpinem Spiel und Spaß gehts dann zügig und abenteuerlich ins Tal – in einem Bruchteil der Auffahrtszeit. Und niemandem wird langweilig...

2.9 Unterwegs mit zwei Kindern

Den meisten Kindern macht es großen Spaß, kurze bis mittellange Strecken mit Geschwistern oder FreundInnen zusammen im Doppelanhänger zu fahren. Wer mit zwei Kindern unterwegs ist, kann aber auch mit den durchaus unterschiedlichen Bedürfnissen der Sprösslinge konfrontiert werden, gerade wenn die Kinder unterschiedlich alt sind.

Ein Beispiel: Das kleinere Kind braucht dringend seinen Mittagsschlaf, während das große Kind dringend Aktivität und Bewegung einfordert. In solchen Situationen wird es im Doppelanhänger schon mal „eng". Ich habe meine Große dann einfach auf den Kindersitz gesetzt und mit ihr geplaudert, bis der Kleine hinten im Anhäger geschlafen hat.

„Schau mal nach hinten, ob dein Bruder schon schläft, ich glaub jetzt ist es soweit!" – „Ja, er hat die Augen zu-uuu!"

Stehengeblieben, abgestiegen, das mitgeführte Laufrad oder Kinderrad vorsichtig vom Anhänger abmontiert. Dann bin ich mit dem selbst fahrenden drei- bis vierjährigen Kind nebenher und dem schlafenden kleinen Bruder im Anhänger auf verwunschenen Wegen zum Spielplatz weitergefahren. Die Heimreise ist am Ende so eines

Tages nie ein Problem gewesen: Beide Kinder sind nach viel Bewegung in der Natur wach und ausgeglichen nebeneinander im Doppelanhänger gesessen.

Und wenn die Große vor der Heimfahrt besonders erschöpft war und ihre Ruhe haben wollte, meldete sie das vorher an und durfte alleine in den Anhänger – und der Kleine hatte Riesenspaß auf dem Kindersitz.

2.10 Trainingsaspekte

Ende der berühmten Auffahrt zur Jubiläumswarte, 15 % Steigung, 30 Grad Celsius, die Junisonne steht im Zenit, zügige Fahrt auf dem (ja, zugegeben, es ist ein ordentlicher UM-) Weg ins Freibad am Wienerwald. Anhänger und Fahrrad bis zum Bersten mit Badesachen und Packtaschen beladen.

Ein Rudel Bauarbeiter hält staunend inne und beobachet meine Annäherung. Auf gleicher Höhe fasst der offensichtlich Dienstälteste allen Mut zusammen:„Is da echt ein Kind drinnen, oder ist das nur eine Zusatzlast zum Training???" – „Ein Kind, Badesachen und Essen für 4 Personen ALS Zusatzlast zum Training!" – „Aha!" – „Mahlzeit!" – Chor: „Mahlzeit!"

Wer mit seinen Kindern nun auch tatsächlich seine eigenen kleinen Trainingseinheiten absolvieren möchte, muss einiges an organisatorischer Kreativität an den Tag legen... Gerade mit den ganz ganz Kleinen kann man den Schlaf untertags aber zumeist recht gut abschätzen und sich so gemeinsame Zeit- und Routenpläne einrichten.

Wenn die Kinder größer werden, kann man den Mittagsschlaf zum erweiterten Weg ins Schwimmbad oder zum Spielplatz nutzen. Entsprechend der Schlafdauer des Kindes kann dieser Hinweg mit sportlichen Umwegen zur Freude der Eltern verlängert werden. Und für die Kinder gibts beim Aufwachen immer ein lohnendes Ziel. Es muss aber nicht immer eine „Schlaf-Fahrt" sein, es gibt genauso Kinder, die großen Spaß am längeren wachen Mitfahren haben.

Trotz großem Eifer und enger Zeitpläne (ich hab jetzt genau 75 Minuten bis er aufwacht!) sollte man im eigenen gesundheitlichen Interesse sowohl die Ein- als auch Ausrollzeit der Einheiten nicht zu kurz bemessen.

Müder Papa, ausgeschlafener Sohn

Das Ziehen eines Fahrradanhängers erfordert Kraft. Und Geduld. Der Trainingseffekt ist sehr hoch und kann den Körper durchaus an seine Grenzen bringen. Um gesundheitlichen Problemen im Bereich der Beinmusukulatur und der Knie vorzubeugen, gilt es einige einfache Regeln zu beachten: Bergauf sollte man mit dem Anhänger prinzipiell auf kleine Gänge und eine hohe Trittfrequenz setzen. Ein runder Tritt verhindert dabei auch unnötiges Ruckeln des Anhängers. Man sollte sich als Zugtier anfangs keine allzu schwierigen Aufgaben auferlegen und die Sache langsam angehen.

Ohne aufzuwärmen „kalt" mit dem Anhänger loszubret-
tern führt auf Dauer unweigerlich zu muskulären Verstim-
mungen. Beim Start einer Tour sollte man sich ein paar
Kilometer warmfahren, bevor man voll in die Pedale tritt.
Dasselbe gilt für das Ende der Ausfahrt: Gemütlich aus-
rollen lassen und optimalerweise folgt danach das Dehnen und das Lockern der beanspruchten Muskulatur.
Leichter gesagt als getan, denn wenn man stehen bleibt,
wollen die Kinder sofort raus und brauchen sofort Essen,
Trinken, Unterhaltung... Dass die Kinder am Ende der
Ausfahrt unsere Aufmerksamkeit einfordern, ist klar!

Aufwärmen und Dehnen
dürfen auch bei Aus-
fahrten mit Kleinkindern
nicht vernachlässigt
werden

Trotzdem bieten sich gerade Spielplatz, Wald und Badesee hervorragend
auch für die Eltern als „Turnplatz" an... reine Gewohnheitssache. Nirgendwo
sonst findet man so tolle Hilfsmittel UND so viel Zeit, um seine Dehn- und
Lockerungsübungen zu absovieren.

„Wenn der Papa mich und den Bruder bei der Schaukel anschubst, steht er auf einem Bein da wie ein Flamingo, da müssen wir immer sehr lachen."

Aha, ich ein Flamingo. Geht klar.

Meiner Erfahrung nach fordert das Fahren mit Anhänger den gesamten Bewegungsapparat, also auch den Oberkörper und Rücken, deutlich mehr, als das Radfahren ohne. Auch in dieser Hinsicht sollte man auf entsprechende Ausgleichsbewegung und Übungen nicht vergessen.

2.11 Das Höchstalter der Kinder – Wann ist es vorbei?

Dass die Zeit, in der die Kinder im Anhänger mitfahren, irgendwann zu Ende ist, ist klar! Die Körpergröße ist meist der erste Faktor, der das Mitfahren für die Kinder ungemütlich macht.

Mit Helm wird es im Singletrailer ab ca. 100 cm Körpergröße eng mit der Kopffreiheit, ohne Helm ab ca. 105cm. Andere Anhänger funktionieren noch einige Zentimeter länger. Besonders viel Innenraum und sehr große Sitzhöhe bieten z.B. die XL-Modelle von Kindercar und Kidstouring.

Meine Tochter aufrecht sitzend mit 103 cm Körpergröße (in Ihrem Fall 57cm benötigte Sitzhöhe) UND zusätzlichem Helm im Singletrailer, Modell 2014 (Schulterbreite 42 cm, Sitzhöhe 62 cm, Beinlänge ca. 51 cm – gemessen von der unteren Hinterkante des Sitzes bis zum vordersten Punkt der Bodenwanne)

47

Bei uns ist der Anhänger auch für die 4-jährige noch ein tolles und liebgewonnenes Transportmittel auf dem Weg ins Bad oder zum Spielplatz. Umwege werden allerdings nur mehr auf ausdrücklichen Publikumswunsch durchgeführt.

Ab dem Alter von zwei Jahren habe ich am Anhänger auch schon die Laufräder und später die Pedalräder mitgeführt, und die Kinder durften, sobald wir auf verkehrstechnisch geeigneten Wegen angekommen waren, ihre altbekannten Strecken selber fahren. Ein riesengroßes Hurra für die Kinder, plötzlich diese vertrauten Etappen SELBER befahren zu dürfen.

Kinder, ihr könnt jetzt weiterfahren...

3. Technik / Ausstattung / Funktionsmerkmale

Beim Transport von Kleinkindern werden hohe und – auf den ersten Blick oft unerwartete – Anforderungen an Zugfahrrad und Anhänger gestellt. Umso wichtiger ist es, sich bereits im Vorfeld mit diesen Themen auseinanderzusetzen, damit man unterwegs – gerade auf den allerersten Ausfahrten – keine bösen Überaschungen erlebt.

Alle namentlich genannten Produkte sind die, die von uns selbst ausgiebig im harten Kinderalltag auf tausenden Kilometern verwendet wurden – und sich im Zuge dessen bewährt haben. Sie sollen lediglich als Anhaltspunkt dienen, was Dimensionen, Anforderungsprofil, etc. betrifft. Der Fahrradhändler Ihres Vertrauens wird sicher auch hervorragende Alternativprodukte für Sie bereit haben!

Wer über die Anschaffung eines qualitativ hochwertigen Kinderanhängers nachdenkt, steht vor einer relativ überschaubaren Auswahl. Die Hauptkriterien sind die Größe des Anhängers, die Zahl der zu transportierenden Kinder und der Anwendungsbereich.

3.1 Zweispurige Anhänger

Zweispurige Anhänger sind die in unseren Breiten gängigsten Kinderanhänger. Sie sind in den meisten Fällen auch als Kinderwagen oder Jogger zu verwenden und oftmals sowohl als Ein- als auch als Zweisitzer erhältlich.

Natürlich eine praktische Sache... man packt in der Wohnung Kind und Kegel in den Anhänger, kuppelt auf der Straße das Rad an, fährt zum Schwimmbad, sperrt das Rad draußen vor dem Bad ab, schiebt den Anhänger auf die Liegewiese – und fertig... Auf der nachmittäglichen Heimreise schläft das Kind dann ein – kein Problem: Vor dem Wohnhaus abgekuppelt, Fahrrad abgeschlossen, Anhänger in die Wohnung geschoben und das Kind kann dort weiterschlafen bis das Abendessen fertig am Tisch steht. Im Kofferraum oder Gepäckfach des Anhängers ist jede Menge Platz für Kleidung, Werkzeug, Proviant. Viel Wichtiges kann dort einfach permanent mitgeführt werden.

Die qualtiativ hochwertigen Modelle sind allesamt gefedert und bieten ausreichend Komfort, um auch einmal gut präparierte Forstwege mit den Kindern zu befahren.

Durch die hohe Breite ist aber große Aufmerksamkeit geboten – bei Gegenverkehr oder beim Passieren von Hindernissen muss man sich stets seiner Spurbreite bewusst sein... Auch kann ein zweispuriger Anhänger in Kurven bei extrem hoher Geschwindigkeit und / oder

Viel Platz im Kofferraum bei zweispurigen Anhängern

beim zu schnellen und einseitigen Überfahren von Bodenunebenheiten umkippen. Vor allem dann, wenn er zu schwer oder falsch beladen wurde. Je breiter die Spur, desto kleiner die Kippgefahr.

Wenn man viel mit dem Rad unterwegs ist, ist es daher sehr ratsam, auch mit nur einem Kind gleich einen Zweisitzer zu kaufen! Das bedeutet nicht nur ein Sicherheitsplus, sondern man ist auch gleich für Kind Nummer zwei oder ein Gastkind gewappnet.

Zuladung

Je höher der Schwerpunkt des Anhängers, desto größer ist die Kippgefahr in Extremsituationen. Also Vorsicht bei allzu üppigem Beladen. Je tiefer die Last montiert wird, umso sicherer.

Es ist durchaus kein Problem, auf einem Anhänger à la CX2 Laufräder oder Kinderfahrräder mitzuführen. Die Kinderräder sollten dann so tief wie möglich und mit Zurrgurten und Spanngummis bombenfest montiert werden. Am Ende der Ausfahrt unbedingt die Kinderräder VOR dem Abkoppeln vom Zugfahrrad vom Anhänger nehmen – sonst kann ebendieser, wenn er nicht mehr über die Deichsel gestützt wird, mit voller Wucht nach hinten kippen...

Achten Sie bei solchen Schwertransporten immer auf die höchste zulässige Gesamtzuladung des Anhängers (z.B. 45 kg beim CX2).

14 kg Kind + 14 kg Kind + 4 kg Laufrad + 7 kg Kinderrad + 6 kg Kleider und Proviant = 45 kg

Richtig geladen: Tiefer Schwerpunkt, Fixierung mit Zurrgurten, die Kinderräder ragen seitlich nicht über den äußersten Punkt des Anhängers hinaus

Um hier im „grünen Bereich" zu bleiben, kann zusätzliches Gepäck am Zugfahrrad verstaut werden. Oder ein Kind fährt am Kindersitz mit.

Auswahlkriterien / Funktionsmerkmale

Die wichtigsten Auswahlkriterien und Funktionsmerkmale für zweispurige Kinderanhänger zusammengefasst:

➲ **Bremsen**

Die meisten Modelle haben eine per Fuß oder Hand fest arretierbare Feststellbremse. Bei der ausschließlichen Verwendung als Radanhänger sind diese meist ausreichend.

Wer den beladenen Wagen allerdings sicher über Treppen und steile Forststraßen schieben oder damit auch Laufen oder Skaten gehen will, wird an vom Schiebegriff aus bedienbaren Bremsen eine große Freude haben. Via Hand-Bremshebel sind diese Bremssyteme leicht zu betätigen und sehr gut zu dosieren.

Nicht nur bei starkem Gefälle, auch bei stürmischem Wind von hinten kann diese Handbremse am Kinderwagen wertvolle Dienste leisten. Ausgeführt sind diese Bremsen meist als Trommelbremsen oder als Scheibenbremsen. Beide Varianten verrichten verlässlich ihren Dienst, Scheibenbremsen greifen dabei deutlich stärker.

Die Handbremse ist ein Muss für Skater, Läufer und auf steilen Wanderwegen

Bei Scheibenbremsen sollte man sich der möglichen, typischen Geräuschentwicklung bei nassem Wetter bewusst sein: *„Papaaaaa, immer wenn du bremst, singt der Anhänger ein Lied! tuuu-tiiii, tuuuu-tiiiii...! Das ist lustig!!!"*

Wer bei Anhängern mit Scheibenbremsen die Laufräder zum Transport abmontiert, sollte darauf achten, die Bremsscheiben beim Einladen des Anhängers nicht unnötig zu belasten um ein Verbiegen zu verhindern. Sonst streift die Scheibe an den Bremsbelägen wie bei einem „Achter" am Fahrrad.

Eine Auflaufbremse, die die Räder des Anhängers auch während der Fahrt am Rad aktiv mitbremst, wenn das Zugfahrrad bremst, ist bis dato erst bei Prototypen von Tout Terrain und Kidstouring angedacht worden. Man darf gespannt sein.

⤵ Federung

Blattfedersysteme funktionieren sehr gut und feinfühlig, und das bei allen Temperaturen. Auch Systeme mit Stahlfedern fangen Fahrbahnunebenheiten ab.

Beide Varianten können – und sollen – immer auf das tatsächlich beförderte Gewicht angepasst werden, um die optimale Wirkung zu gewährleisten. Das ist mit wenigen Handgriffen möglich und kann rasch an die aktuelle

Schnelle Einstellung der Federung beim CX2. Hier arbeitet ein Blattfedersystem mt ca. 65 mm Federweg.

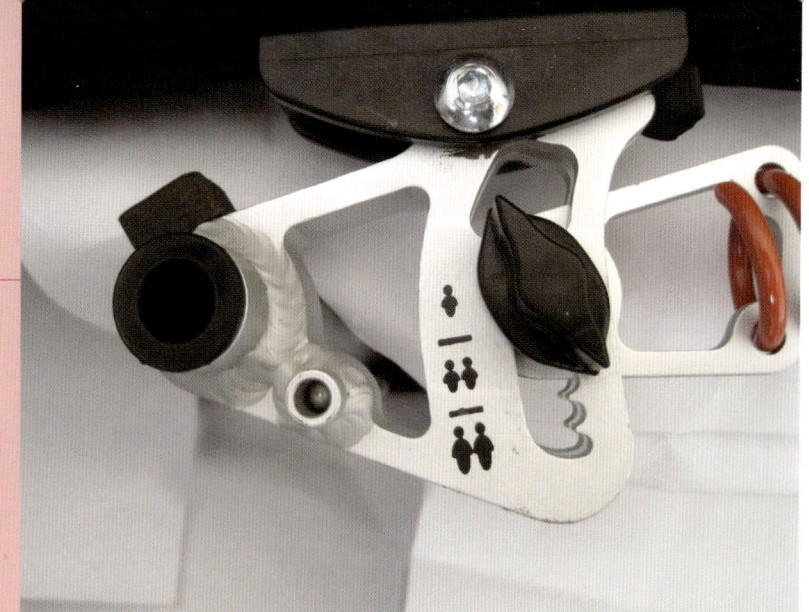

Simpler, aber effektiver Federungsmix bei Burley: auf den ersten 25 mm arbeitet eine einstellbare Stahlfeder, auf den letzten 10 mm wird die Federkennlinie durch einen Elastomer sehr progressiv und schützt so vor einem Durchschlag.

Zuladung angepasst werden. Diese korrekte Einstellung minimiert auch das bei diesen Systemen nicht extra justierbare Nachschwingen – es handelt sich ja technisch lediglich um das Prinzip einer Federung, es ist meist kein eigener Dämpfungsmechanismus vorhanden, um das Rückschwingen zu kontrollieren.

Elastomersysteme verrichten ihren Dienst zuverlässig, sprechen aber meist weniger sensibel an. Eine Einstellung der Federkennlinie ist hier durch Austausch der Dämpfungselemente möglich.

Einige Modelle bieten zusätzliche Federungswirkung durch bewusst hängemattenartig konstruierte Sitzbänke (z.B. Burley Cub / D´Lite).

Von Modellen ohne Federung rate ich dringend ab.

Belüftung

Die meisten Anhänger sind mit großen Belüftungsgittern auf der Vorder- und Rückseite ausgestattet. Allerdings sollte man sich dessen bewusst sein, dass auf schlammigen, unbefestigten oder nassen Wegen der ganze Straßendreck und das Spritzwasser über das Hinterrad des Zugfahrrads auf das vordere Netz geschleudert und dann feingesiebt auf das Gesicht des Kindes verteilt wird... man spricht hier gerne vom sogenannten „Sommersprossen-Effekt". Optisch natürlich mitunter ein großes Hurra, für die Kinder aber weniger lustig... Die große Vorderseite ist manchmal also gezwungenermaßen geschlossen zu halten, und die Belüftung erfolgt dann meist nur mehr über die Rückseite.

Nur bei wenigen Modellen (z.B. Thule-Chariot CX2, Kindercar optional) sind auch die beiden Seitenfenster komplett oder in Zwischenpositionen zu öffnen. Das ermöglicht auch an heißen Tagen eine gute Dosierung der Belüftung, selbst wenn die Vorderseite geschlossen ist.

Aber auch bei kühlem Fahrtwind kann der Luftzug über die Seitenfenster gut kontrolliert werden – dann wird vorne geschlossen und durch die teilweise Öffnung der Seitenfenster optimal dosiert.

Günstigere Modelle sind seitlich nur teilweise oder gar nicht zu öffnen. Bei zwei Kindern an Bord, schmutzigen oder nassen Wegen in Kombination mit hochsommerlichen Temperaturen ein nicht unwesentliches Thema.

Voll geöffnete Seitenfenster im Sommer, halb geöffnete Seitenfenster in der Übergangszeit

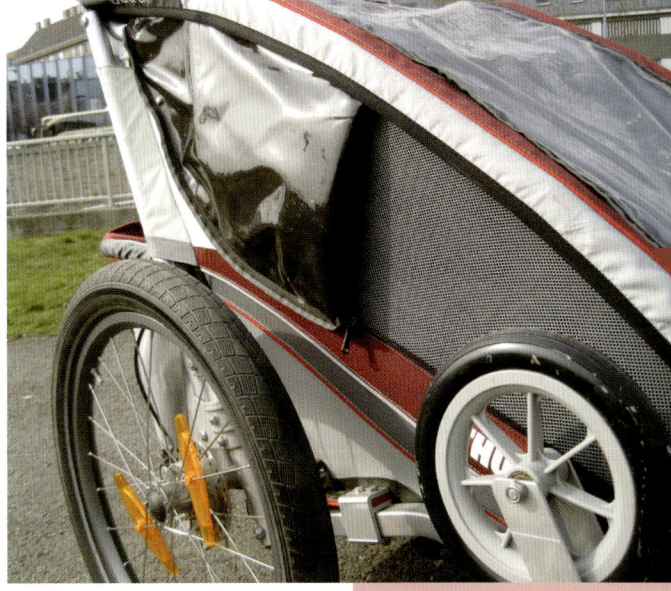

Größe / Dimensionen

Ein weiterer Kaufaspekt ist die Größe des Anhängers, es gibt viele Varianten. Innenraum und Gepäckraum sind unterschiedlich dimensioniert – je nach Bedarf.

Besonders interessant ist hier die Breite des Innenraums beim Transport von zwei Kindern. Gemessen wird hier meist die sogenannte Schulterbreite. Ein wichtiger Aspekt was den Komfort der Passagiere betrifft, gerade wenn die Kinder schon größer sind.

Burley Cub 2014, Schulterbreite ca. 65 cm, Sitzhöhe laut Hersteller 66 cm (in der Praxis ein paar Zentimeter weniger, weil man zum Dachrohr etwas Abstand halten sollte), gemessene Beinlänge ca. 49 cm – von der unteren Hinterkante des Sitzes bis zum vordersten Punkt der Bodenwanne

Ebenso wichtig ist die Sitzhöhe, also das Maß vom Sitz bis zum Dach, die die Kopffreiheit des Kindes definiert, und damit die Höchstgröße des mitzuführenden Kindes bestimmt. Bei „sportlichen" Modellen wie dem CX2 ist das Verdeck deutlich näher am Gesicht des Kindes als bei „voluminöseren" Modellen. Ab einer Körpergröße von 100 cm wissen die Passagiere diese „Nasenfreiheit" auf längeren Fahrten zu schätzen.

Das dritte wichtige Innenmaß ist die Fußfreiheit (=„Bein-länge, Knickmaß"), die den Kindern zur Verfügung steht. Gerade auf längeren Strecken ein wichtiges Kriterium. Ein hoher Anhänger muss nicht immer zugleich viel Fuß-freiheit bieten.

Thule-Chariot CX2 2014, Schulterbreite 59 cm, Sitzhöhe laut Hersteller 65 cm (in der Praxis auch hier etwas weniger, denn auf den letzten Zentimetern rückt das Gesicht eines großen Kindes recht nahe an die Vorderplane), ge-messene Beinlänge ca. 50 cm – von der unteren Hinterkante des Sitzes bis zum vordersten Punkt der Bodenwanne.

Auch den Außenmaßen sollte man Beachtung schenken: Komme ich mit dem Anhänger durch mein Gartentor, durch die Wohnungstür, in den Hauslift? Passt der Anhänger in den Kofferraum?
Die meisten Modelle sind zusammenklappbar und dadurch gut zu transportieren bzw. auch platzsparend zu lagern.

Sitze und Gurtsysteme

Hier trennt sich die Spreu vom Weizen: Hochwertige Gurtsysteme sind zumeist als 5-Punkt-Gurte ausgeführt und stützen den Oberkörper des Kindes hervorragend, wenn sie ausreichend straff eingestellt sind. Sie können schnell an die Körpergröße des Kindes angepasst werden – ein wichtiger Faktor, denn die Anforderungen wechseln oft täglich: mit Jacke oder ohne, mit Fußsack oder ohne...

Der perfekte Sitz und angenehme Polsterungen der Gurte erhöhen den Komfort und die Sicherheit der Kinder enorm. Auch die Qualität der Polsterung und die Oberflächen der Sitze sprechen oft Bände. Die Topmodelle sind in dieser Hinsicht durchwegs hochwertig ausgeführt, auch was die Atmungsaktivität der Materialien betrifft.

Bei billigen Anhängern muss man bei der Ausführung der Gurte und Sitze leider oft massive Abstriche machen.

Bodenwanne

Manche Anhänger sind mit einer festen Bodenwanne ausgestattet, was sie besonders strapazierfähig und sicher macht. Wichtig, wenn man den Anhänger auch zum Lastentransport ohne Kinder verwenden will. Modelle mit bespanntem Boden sind im Gegenzug leichter und man kann sie meist etwas kleiner verstauen.

Anhänger mit fester Bodenwanne sind von unten 100 % wasserdicht. Ein großer Vorteil im täglichen Einsatz bei jedem Wetter. Bei Anhängern mit Stoffboden kommt das Wasser bei heftigen Regenfahrten irgendwann durch...

Reifen

Hochwertige und groß dimensionierte Reifen bringen Komfort für die Kinder und guten Pannenschutz. Reflektorstreifen auf den Reifen erhöhen die Sichtbarkeit bei Dämmerung und Nachtfahrten. Top-Reifen nachzurüsten ist unkompliziert, gar nicht teuer und eine lohnende Investition, sollten ab Werk nur namenlose Standard-Reifen montiert sein (siehe 3.5.7).

Die Kupplung

Die Standardkupplungen der großen Hersteller sind grundsätzlich gut ausgeführt und für den normalen Gebrauch meistens ausreichend.

Alle hochwertigen Kupplungssysteme für Kinderanhänger sind mit Fangleinen zur zusätzlichen Sicherung ausgestattet. Die Montage kostet zwar bei jedem An- und Abkuppeln etwas Zeit, sollte aber auch auf noch so kurzen Fahrten immer durchgeführt werden.

Eine interessante Option ergibt sich bei der Burley-Kupplung: Wer die Kupplung an der Achse um 180° dreht, also nach oben montiert, verändert damit die Sitzposition des Kindes – die Sitzlehne ist etwas mehr nach hinten geneigt und ermöglicht eine gemütlichere Ruheposition.

Verarbeitung und Sicherheit

In der Regel steht der Kaufpreis in einer direkten Relation zur gesamten Verarbeitung und Materialqualität: Verdeck, Lager, Laufräder...
Auch die Rahmen sind sehr unterschiedlich ausgeführt. Im Gegensatz zum „Leichter – ist – teurer"-Prinzip bei Fahrrädern sind es bei Kinderanhängern oftmals die Topmodelle, die deutlich mehr Gewicht auf die Waage bringen. Das liegt zumeist an den massiver ausgeführten Rahmen und hochwertigen und daher langlebigeren Verschleißteilen.

Schlussendlich muss natürlich jeder selbst entscheiden, wie viel vom Familienbudget für einen Anhängerkauf freigegeben wird. Ich rate auf jeden Fall dazu, „teuer" einzukaufen: Erstens ist der Komfort und Fahrspaß für alle Beteiligten höher, zweitens ist der Wiederverkaufswert von gepflegten Markenanhängern sehr hoch.

Eignung für weitere Sportarten

Viele Kinderanhänger sind auch für andere sportliche Aktivitäten erweiterbar – Langlaufen, Joggen, Skaten etc. Besonders lauftauglich sind Modelle, die mit einem zentrierten Vorderrad ausgestattet werden können. Diese Erweiterung heißt meist „Jogger-Set", da es den Wagen damit auch zu einem erstklassigen Jogger verwandelt.

Verwendung als „Jogger" mit einem mittig angeordneten, spurtreuen Vorderrad

Mittagsschlaf auf
1900 m Seehöhe

Verwendung als Kinderwagen

Ein Fahrradanhänger kann einen vollwertigen Ersatz für einen Kinderwagen darstellen.

Gerade auf holprigen Forstwegen oder im Schnee etc. lassen sich Kinderanhänger erstaunlich leicht manövrieren und stellen in dieser Disziplin so manchen reinrassigen Kinderwagen oder Jogger in den Schatten. Auch im Kampf gegen heftigen Wind und Wetter leisten Anhänger-Kinderwägen aufgrund ihrer massiven Bauweise beste Dienste.

Die im Vergleich zu normalen Kinderwagen recht hohe Position des Schiebegriffes kann besonders großgewachsenen Männern entgegenkommen, die beim Schieben von niedrigen Buggys oder Kinderwägen mitunter über Rücken- oder Knieschmerzen klagen.

Eine Auswahl zweispuriger Zweisitzer im Schnellvergleich

Fünf kurze Steckbriefe mit Besonderheiten einiger hochwertiger zweispuriger Zweisitzer, die ich selbst im Einsatz hatte oder bei Freunden genauer unter die Lupe nehmen konnte (Stand Frühjahr 2014). Aktuelle technische Details entnehmen Sie bitte unbedingt den Herstellerseiten, denn die Modelle und das erhältliche Zubehör werden ständig überarbeitet und verbessert.

➲ Burley D´Lite / Cub

* ★ praxisnahe Ausstattung
* ★ leichte Bauweise und unkompliziertes Handling
* ★ die Spannung der Rückenlehne ist an mehreren Punkten einstellbar (das Rückennetz wird dann weicher um eine bessere Schlafposition zu ermöglichen)
* ★ große Breite im Schulterbereich (Cub)
* ★ umfangreiches Zubehör erhältlich
* ★ viel Stauraum
* ★ Cub ist mit fester Kunststoffbodenwanne, der D´lite mit Planenboden ist ein Leichtgewicht
* ★ verstellbare Federung über eine Stahlfeder + Federwirkung durch hängemattenartigen Sitz

---

➲ Kidstouring

* ★ robuste Bodenwanne aus Aluminium
* ★ sehr solide Verarbeitung
* ★ großes Augenmerk auf Sicherheit
* ★ hohe maximal erlaubte Zuladung: bis zu 80 kg
* ★ geräumiger Innenraum (Sitzhöhe bis zu 83 cm / Modell XXL)
* ★ einfache Elastomerfederung
* ★ sehr spannend: Der Hersteller Kidstouring bietet einen optionalen Gepäckträger am Heck, der hohe Stabilität bei optimalem Schwerpunkt bietet

⇒ Kindercar

★ Bodenwanne aus Aluminium
★ hohe maximal erlaubte Zuladung:
  bis zu 60 kg
★ der Innenraum kann auch mit extra großer
  Sitzhöhe (bis 77 cm) bestellt werden
★ optional zu bestellen sind zu öffnende Seitenfenster
★ optionaler Multisitz, der eine einsteckba-
  re Trennwand zwischen den Kindern vor-
  sieht – keine schlechte Idee, um mögliche
  „Übergriffe" zwischen Kleinkindern zu vermeiden...
★ Federung

⇒ Thule-Chariot CX2

★ solide Bauweise
★ aerodynamische Form und sehr
  stabile Kurvenlage
★ die Seitenfenster können variabel
  geöffnet werden
★ gute Möglichkeiten um am Heck Lasten mit
  tiefem Schwerpunkt zuzuladen
★ sehr hochwertige Materialien
★ per Hand bedienbare Scheibenbremsen serienmäßig
★ umfangreiches Zubehör erhältlich
★ verstellbares, feinfühliges Blattfedersystem
★ ergonomische Sitzposition, auch zum Schlafen gut adaptierbar
★ der Innenraum ist vergleichsweise schmal,
  für größere Kinder nebeneinander wird´s
  irgendwann einmal eng
★ bei den neueren Modellen kann ein einzelnes
  Kind nicht mehr in der Mitte sitzen

➲ Thule-Chariot Captain 2

★ robuste Bauweise
★ Seitenfenster können zu einem Teil geöffnet werden
★ große Breite im Schulterbereich
★ feste Bodenwanne
★ hochwertige Materialien
★ umfangreiches Zubehör erhältlich
★ verstellbares, feinfühliges Blattfedersystem

**Anmerkung zur Übersichtstabelle –
Technische Daten:**

1. Es handelt sich hier um die Herstellerangaben, so wie sie Stand 1.3.2014 auf den Herstellerseiten oder auf meine Anfrage hin angegeben wurden.
2. Einige Daten möchten die Hersteller nicht preisgeben – vor allem aus Angst vor verzerrten Angaben aufgrund verschiedener Messmethoden.
3. Federweg, Fußfreiheit und Ladevolumen habe ich bei einigen Modellen selber unter Verwendung möglichst gleicher und objektiver Methoden nachgemessen (farblich markiert).
4. Sie sollen als Orientierung dienen und stellen keine verbindlichen Angaben dar.
5. Externe Kofferräume bieten den Vorteil, dass man beim Laden keine Rücksicht auf das Kind nehmen muss. Bei internen Kofferräumen befindet sich zwischen Kinderrücken und Gepäck manchmal nur ein dünnes Netz – schlecht positionierte Ladung kann die Kinder dann schon mal drücken und die Art der Zuladung ist daher anzupassen.
6. Einmal mehr weise ich darauf hin, dass das Gewicht des Anhängers kein zwingendes Entscheidungskriterium darstellen soll. Ein höheres Gewicht bedeutet in der Regel massiver ausgeführte Bauteile (Lager, Rahmen, Felgen, etc.) und ist daher ab einer gewissen Kilometerleistung nicht zwingend als Nachteil anzusehen.

2-Sitzer

Technische Daten einiger gängiger Anhänger – Modellversion 1.3.2014

Herstellerangaben = weiss, k.A. = keine Angabe, unverbindliche Eigenmessungen = rosa

Hersteller	Burley	Burley	Thule/Chariot	Thule/Chariot	Thule/Chariot	Kidstouring	Kidstouring	Kindercar
Modell	D'Lite	Cub	CX2	Captain	Cougar 2	Kidstourer M	Kidstourer L	Classic/Safe
Sitzplätze	2	2	2	2	2	2	2	2
Eigengewicht inkl. Fahrraddeichsel	12,2	16,8	16,1	17,8	13,5	14,5	14,7	11,9-15,9
Maximale Zuladung (kg)	45	45	45	45	45	80	80	60
Beinlänge gemessen (cm)	49	49	50	-	50	-	-	-
Beinlänge (cm)	k.A.	k.A.	48	k.A.	k.A.	55	55	k.A.
Sitzhöhe (cm)	66	66	65	64	67	63	68	72-77
Schulterbreite (cm)	63,5	65	59	70	59		69	63-68
Volumen Stauraum innen (L)	47,8	51	-	k.A.	-	57	57	k.A.
Volumen Stauraum außen (L)	-	-	ca. 39	-	c..	-	-	-
Maximale Außenbreite (cm)	79	79	83	85	8C	86	86	87
Packmaß L × B × H in cm	98×79×32	92×79×36	109×80×30	108×82×42	107×8.×.	88×81×22	88×86×22	k.A.
Federweg (mm)	k.A.	k.A.	k.A. / ca. 65 mm	k.A.	k.A. / ca. 65 mm	15	15	40
Federsystem	Stahlfeder	Stahlfeder	Blattfeder	Blattfeder	Blattfeder	Elastomer	Elastomer	„Air-Elasto-matic"
Hängemattenartige Sitzbank	Ja	Ja	-	-	-	Ja	Ja	k.A.

1-Sitzer

Hersteller	Burley	Thule/Chariot	Thule/Chariot	Kidstouring	Toutterain
Modell	Solo	CX1	Cougar 1	Kids Racer M	Singletrailer
Sitzplätze	1	1	1	1	1
Eigengewicht inkl. Fahrraddeichsel	11,8	14,3	11,7	13,5	9,5
Maximale Zuladung (kg)	34	34	34	60	25
Beinlänge gemessen (cm)	-	-	-	-	51
Beinlänge (cm)	k.A.	48	k.A.	55	k.A.
Sitzhöhe (cm)	64	65	67	60	62
Schulterbreite (cm)	56	40	40	64	42
Volumen Stauraum innen (L)	38,6	-	-	49	ca. 10
Stauraum außen (L)	-	k.A.	k.A.	-	optional 4,5 / 9
Maximale Aussenbreite (cm)	70	70	67	81	45
Packmaß L × B × H in cm	95×70×32	122×61×28	107×61×26	88×81×22	80×55×45
Federweg (mm)	k.A.	k.A. / ca. 65 mm	k.A. / ca. 65 mm	15	200
Federsystem	Stahlfeder	Blattfeder	Blattfeder	Elastomer	Öl/Luftdämpfer
Hängemattenartige Sitzbank	Ja	-	-	Ja	Ja

3.2 Einspurige Anhänger – der Singletrailer von Tout Terrain

Nachdem der von Florian Wiesmann entwickelte Single-trailer der einzige uns bekannte im Handel erhältliche einspurige Anhänger ist, erlaube ich mir ihn hier als „pars pro toto" zu behandeln.

In den letzten Jahren wurden auch von anderen Herstellern einspurige Kinderanhänger vorgestellt, allerdings konnten sie sich nicht lange am Markt halten und sind zum jetzigen Zeitpunkt auch nicht im Handel erhältlich. Aufgrund des großen Erfolges von einspurigen Lastenanhängern darf man aber auch in diesem Segment auf mögliche neue Produkte gespannt sein.

Eine essentielle Frage sei vorab beantwortet: Wird der Anhänger mit nur einem Rad bei der Fahrt nicht von selber umfallen? NEIN, im Gegenteil: Die Kippgefahr

in Kurven, wie man sie von Anhängern mit zwei Rädern kennt, ist in diesem Fall ausgeschlossen!

Einspurige Anhänger wie der Singletrailer sind die idale Wahl für alle radfahrenden Eltern, die auf die Funktionalität eines Kinderwagens zugunsten absoluter Geländetauglichkeit und hoher Mobiliät verzichten können. Der Singletrailer ist nicht als Buggy zu verwenden. Ein paar Meter kann man ihn allerdings zur Not auch per Hand und ohne Fahrrad ziehen, auch mit schlafendem Kind an Bord.

Dafür sind die Fahreigenschaften hervorragend, man spürt den Anhänger kaum am Rad... Auch der Komfort für die Kinder ist herausragend, wenn der Anhänger optimal an das Gewicht und die Größe des Kindes angepasst wird. Dieser offroadtaugliche Fahrradanhänger ist aufgrund seiner speziellen Bauform nur als Einsitzer erhältlich.

Der Anhänger ist hervorragend gefedert (200 mm Federweg, Öl/Luft-Dämpfer) und schluckt damit auch heftige Schläge wie Bordsteine oder Wurzeln – ohne dabei aufzuschaukeln. Damit ermöglich er es, auch Wege abseits von Asphaltstraßen und Forstwegen mit dem Kind zu befahren. Aber auch auf „normalen" Strecken macht sich diese aufwendige Federung bezahlt, ist man doch ständig mit kleinen Kanten, Bewässerungsrillen etc. konfrontiert. Der Dämpfer sorgt für das Ausbügeln von mittleren bis sehr großen Unebenheiten, perfekt wird die Federung des Singletrailers in Verbindung mit einem mit wenig Luftdruck gefahrenen, möglichst dicken Reifen: Dieser kümmert sich dann um die ganz kleinen Erschütterungen.

Durch seine geringe Breite und die Bauform ist auch das Risiko des „Einfädelns" bei Schranken, Pfosten etc viel geringer als bei zweispurigen Anhängern. Auch Gegenverkehr am Radweg stellt keinerlei Probleme dar. Die meisten Fahrradlenker sind deutlich breiter als dieser Anhänger! Nur wer Kurven „schneidet", kann – genau wie mit Zweispurern – auch mit dem Singletrailer auf die Fahrspur eines entgegenkommenden Radfahres kommen.

Durch diese Eigenschaften wird eine enorme Flexibilität bei der Routenwahl ermöglicht: Man kann Pfade und Wege wählen, fast als ob man ohne Anhänger unterwegs wäre, und so dem motorsierten Straßenverkehr hervorragend aus dem Weg gehen und schwer erreichbare Ziele anpeilen.

Der Singletrailer ist der einzige mir bekannte einspurige „echte" Kinderanhänger, der an der Sattelstütze montiert wird. Diese sogannte „Hochkupplung" bringt einige Vorteile mit sich: Der Singletrailer legt sich in der Kurve mit „rein" und kann daher in Kurven nicht umkippen. Zusammen mit der aerodynamischen Bauform ermöglicht dies eine deutlich höhere Reisegeschwindigkeit als mit zweispurigen Anhängern.

70

Die Kurvenlage minimiert bei schnellen Kurvenfahrten auch die auf den Oberkörper des Kindes wirkenden Fliehkräfte. Ein großer Pluspunkt für den Komfort der Kinder bei sportlichem Fahrstil auf der Straße. Durch die starre Verbindung an der Sattelstütze ist die Kraftübertragung vom Fahrrad auf den Anhänger nicht durch eine Elastomerkupplung gedämpft und der Vortrieb ist ungetrübt.

Da der Singletrailer an der Sattelstütze des Zugfahrrads montiert wird, dürfen – aufgrund der auftretenden Belastungen – keine Modelle aus Carbon oder besonders filigrane Leichtbaumodelle verwendet werden.

Ich rate dringend dazu, den optional erhältlichen Kugelsperrbolzen-Schnellverschluss zu kaufen. Die mitgelieferte Standardversion ist sehr umständlich zu bedienen:

Bewegungsfreiheit und Aussicht für das Kind sind hervorragend. Auch das Sonnendach ist toll angeordnet und schränkt die Sicht des Kindes nicht ein. Vor allem der große Abstand zwischen Gesicht und dem vorderen Sichtfenster macht den Kindern viel Freude und gibt ihnen viel Platz zum Spielen, Lesen etc...

Der Schmutzfänger im vorderen Deichseldreieck schützt das Kind unabhängig vom Verdecknetz vor Spritzwasser, Dreck, Steinen etc. Dadurch kann man auch bei nasser oder schlammiger Fahrbahn auf das komplette Schliessen des Verdecks verzichten, es reicht das Netz zuzumachen. Ein großer Pluspunkt bei allen Fahrten abseits asphaltierter Straßen.

Der große Schmutzfänger schützt vor Dreck und Steinen – trotzdem bei der Fahrt immer das Netz schließen!

Bei Regen ist das Kind durch das hochwertige Verdeck an sich recht gut geschützt, bei richtig heftigen Güssen und sehr nasser Fahrbahn kommt jedoch mit der Zeit etwas Wasser in den Fußraum – einerseits durch die rückseitigen Belüftungsöffnungen, andererseits stößt auch die Wasserresistenz der Bodenplane irgendwann an ihre Grenzen. Da das Wasser aber durch die Belüftungsöffnung hinten am Anhängerboden sofort wieder ablaufen kann, wurden immer nur die Sohlen der Kinderschuhe nass – die Füße blieben trocken! Man sollte allerdings bei solchen Wetterbedingungen oder bei Fahrten im Bachbett das im Fußraum gelagerte Gepäck dementsprechend selektieren (KEINE Umziehkleider, KEIN Brot, KEINEN Zement, ;-) …

Der Platz für Gepäck ist eingeschränkt, um die Belüftung nicht zu verhindern sollte man den Stauraum unter dem Kind nicht mit Gepäck vollstopfen. Dass im Anhänger wenig Gepäckraum ist, kann aber durch Rucksack, Packtaschen am Fahrrad oder Taschen am Singletrailer selbst gut kompensiert werden. Auf diese Weise erreicht man mit ihm eine hohe Alltagstauglichkeit – auch in der Stadt.

Das Gurtsystem des Singletrailers sorgt für hervorragenden Halt, ist bequem und sehr schnell anzulegen – allerdings sollte man sich für die richtige Ersteinstellung ausreichend Zeit nehmen.

Der Singletrailer kann auch in einer tieferen Position im „Straßenmodus" betrieben werden. Mittels eines Schnellspanners kann der Dämpfer an der Hinterachse rasch in diesen Modus umgesteckt werden. Vorteil: Der Sitz des Kindes ist etwas mehr nach hinten geneigt und das Kind kann besser rasten oder schlafen. Auch die Straßenlage und Fahrstabilität verbessert sich durch den tieferen Schwerpunkt ein wenig. Dass sich dadurch der Federweg um einige Zentimeter reduziert, schmerzt kaum: Wer mit schlafendem Kind unterwegs ist, fährt ohnehin umsichtiger, wer nur auf der Straße unterwegs ist, kommt auch mit ca. 16 cm Federweg bestens über die Runden.

Der schnelle Umbau erleichtert übrigens auch das (mitunter mehrfache) Wechseln der Position während einer Ausfahrt: Auf der Hinfahrt zum Mittagsschlaf in der tiefen Straßenposition, auf der Abfahrt von der Alm mit dem wachen Kind wird schnell auf langen Federweg und aufrechte Sitzposition umgesteckt.

Die optimale Einstellung des Dämpfers ist beim Singletrailer entscheidend für den Komfort der Kinder: Dabei bewegt man sich erfahrungsgemäß tendenziell am unteren Luftdrucklimit des Dämpfers, um den optimalen Komfort für das Kind zu gewährleisten. Anhand des Sag-Rings kann man sich hervorragend an den optimalen „Minimaldruck" herantasten – dieser bedeutet die maximale Ausnutzung des Federwegs.

In der Praxis bedeutet das, den Luftdruck so niedrig an-zusetzen, dass der Sag-Ring nach einer ruppigen Fahrt gerade nicht an das Ende des Dämpferwegs gerutscht ist – und es also keinen Durchschlag gegeben hat. Ich setze den Sag-Ring regelmäßig auf die Nullposition zurück, um den in der Praxis verwendeten Federweg immer im Auge zu behalten. Auch wenn man erst eine Woche später das Resultat abliest, hat man immer das Ergebnis der Maxi-malauslenkung vorliegen und kann diese ablesen.

Vorsicht: Wenn sich der Luftdruck des Dämpfers unter-halb des technischen Minimaldrucks befindet, riskiert man, dass der Dämpfer in sich „zusammensackt". Das kann aber auch erst nach Monaten passieren, wenn man lange Zeit mit dem vom Dämpfer gerade noch gehalte-nen Minimalluftdruck unterwegs ist und dann im Laufe der Zeit etwas Luft aus dem Dämpfer entweicht – was ganz normal ist!

Ablesen der – in diesem Fall sehr guten – Maximalauslenkung

Wer in diesem Fall keine Luftpumpe mithat, ist nicht ganz verloren: Der Singletrailer fährt trotzdem – ungefedert – weiter, liegt dann allerdings so tief, dass man sich nicht allzu stark in die Kurven legen sollte, weil der Anhänger sonst aufsitzen kann.

Wer mit einem besonders kleinen und leichten Kind (Gewicht bis ca. 8 kg) unterwegs ist, sollte mitunter einen Trick anwenden, um den gesamten Federweg optimal ausnutzen zu können. Denn um optimal arbeiten zu können, braucht der Dämpfer ein gewisses Grundgewicht. Daher kann man den Anhänger zusätzlich beschweren, um trotzdem die maximale Auslenkung innerhalb des technisch möglichen Luftdruckbereichs des Dämpfers zu erreichen. Nur so wird der volle Federweg ausgenutzt und der maximale Komfort für das Kind erreicht. Die zusätzlichen Gewichte werden am besten am Boden unter dem Sitz bombenfest am Rahmen montiert und gewissenhaft gegen Verrutschen abgesichert. So ist auch der Schwerpunkt tief und das Fahrverhalten wird nicht beeinträchtigt.

3.3.1 Wohin mit dem Riesenanhänger? – Lagerung und Abstellplätze

Ein nicht unwesentliches Thema ist die Lagerung von Kinderanhängern bzw. der geeignete Abstellplatz. Wer seinen Anhänger im Freien stehen lässt, kann eine Abdeckplane oder Anhängergarage kaufen, und den Anhänger so vor der Witterung schützen.

Ein Kettenschloss mit knapp 5 kg Eigengewicht sichert den Anhänger an einem massiven Radständer – und wartet geduldig, bis das Herrl wieder nach Hause kommt.

Wer seinen Anhänger über Nacht stationär im Innenhof oder auf der Straße parken muss, kann ebendort ein sehr schweres und massives Kettenschloss der höchsten Sicherheitsstufe an einem fixen Montagepunkt „hängenlassen" – und für unterwegs eine leichtere Variante mitführen.

Aber auch in der Wohnung oder im Hausgang ist meist genug Platz: Zusammengeklappt braucht ein Fahrradanhänger sehr wenig Stauraum. Die exakten Dimensionen der Anhänger im gefalteten oder zusammengeklappten Zustand werden von den Herstellern sehr gewissenhaft angegeben.

Unser Zweispurer wurde immer auf der überdachten Terrasse gelagert. Mein Sohn begann ihn ebendort – ab einem Alter von ca. einem Jahr – als SEIN Spielhaus zu benutzen und sein Territorium vehement zu verteidigen. Es gab immer großen Aufstand, wenn gemeinerweise

Zusammengeklappte Anhänger – Im gefalteten Singletrailer ist sogar noch Platz für Gepäck

das Verdeck geschlossen war und er gerade reinkrabbeln wollte. Der große Vorteil dieser Inbesitznahme: Der Anhänger war immer von ihm persönlich mit den aktuellsten Spielsachen ausgestattet!

3.3.2 Transport des Anhängers im Auto

Durch das moderate Packmaß gefalteter Anhänger ist der Transport in den meisten geräumigen Familienautos problemlos möglich. Die genauen Dimensionen sind bei den Herstellern genau angegeben. Für einige zweispurige Anhänger werden von den Herstellern sogar eigens angefertigte Transporttaschen angeboten. Bei häufigen Transporten sicher eine lohnende Anschaffung.

Auch den Singletrailer kann man sehr komfortabel und platzsparend zusammenklappen – dabei kann man hier auch den Raum im Anhängerkorpus als „Kofferraum" im Auto nutzen: Ich habe unsere Singletrailer immer mit unseren Helmen, Schuhen, Badesachen etc. gefüllt, um auf langen Urlaubsreisen keinen Platz im Auto zu verlieren. Also zuerst den Singletrailer umlegen und das Laufrad demontieren, dabei die Staubschutzkappe aus Gummi auf der Nabe nicht verlieren. Dann den Singletrailer wieder gerade auf den Boden stellen und den Bodenraum mit Gepäck beladen. Danach das Laufrad einladen und den Innenraum weiter mit Gepäck beladen. Schließlich die Deichsel mit dem Schnellspanner vom Dachdreick lösen und diese beiden Teile einklappen – und fertig!

Für den Anhänger (oder sogar zwei...) ist IMMER Platz im Auto, dann kann halt das Schlauchboot oder das Snowboard nicht mit in den Urlaub...

3.4 Zubehör für Kinderanhänger

Für Kinderanhänger ist eine Vielzahl von nützlichem Zubehör erhältlich. Vieles sollte gleich von Anfang an mit von der Partie sein.

3.4.1 Transporthilfen für Babys

Schon nach wenigen Wochen können Babys im Anhänger mitfahren. Es gibt einige Transporthilfen für Kinder, die noch nicht selbst sitzen können.

Fotomodell Peter, 7 Wochen alt, in der neuen Weber Babyschale: Hängematte im Alurahmen mit integriertem Gurtsystem

Die neueste und besonders innovative Lösung für den Transport von Kleinstkindern kommt von Weber: Die NEUE Weber Babyschale ist eine relativ straff gespannte Babyhängematte innerhalb eines fixen Alurahmens mit integriertem 5-Punkt-Gurtsystem. Es vereint die Vorteile der bisher angebotenen Varianten und ist ohne Modifikationen sofort einsatzfähig. Der (sogar in der Größe verstellbare) Alurahmen kann an vielen Punkten mit Zurrgurten im Anhänger montiert werden und ist daher mit allen uns bekannten Modellen kompatibel.

Innerhalb des Rahmens ist die elastische Hängematte mit einem fixen, hervorragenden Gurtsystem angebracht.

Die klassische, „ALTE" Weber-Babyschale wird ähnlich in die Anhänger eingehängt und bietet eine steife, sichere Sitzschale, ähnlich einem Kindersitz fürs Auto. Der Hängematten-Effekt ist bei dieser Konstruktion allerdings minimal. Der Liegekomfort für das Kind vergleichsweise bescheiden. Die alte Babyschale kann aber nach eigenem Ermessen „nachgepolstert" werden.

Auch die Baby-Hängematte von Thule-Chariot ermöglicht die komfortable Mitnahme von Kleinkindern:
Sie ist sowohl in den Modellen von Thule-Chariot als auch im Singletrailer (andere Modelle von uns nicht erprobt) relativ rasch montiert und bietet eine äußerst komfortable Liegeposition für das Baby. Das Prinzip der schwingenden, elastischen Hängematte dämpft nicht nur zusätzlich Erschütterungen, sondern unterstützt Ihr Baby auch bestens beim Einschlafen.

Links: Sitzverkleinerer für bereits selbständig sitzende Kleinkinder, rechts die elastische und freischwingende Babyhängematte „Infant-Sling" von Thule-Chariot

Die „neue" Chariot Hängematte (ab ca. 2014, 3-oder 5-Punkt-Gurtsystem, je nach Anhänger) hat den Schrittgurt fix in der Hängematte integriert und fixiert – ein Pluspunkt gegenüber der alten Version.

Alle Babyhängematten können auch in Kombination mit einem Fußsack im Winter benutzt werden.

> Beim Angurten in der Chariot-Hängematte wurde von mir auch immer ein selbst gebauter, breiter Bauchgurt (quer, so wie bei der alten Chariot-Anschnallmethode) zusätzlich zum durchgefädelten Dreipunkt-Chariot-Gurtsystem angebracht. Auch im Singletrailer muss man das Gurtsystem individuell anpassen und erweitern, um mit der Babyhängematte einen zufriedenstellenden Halt zu erreichen. Im Winter und in der Übergangszeit hatte ich in beiden Anhängermodellen immer Daunenjacken oder ähnliches unter und neben der Hängematte „gelagert", um die Liegeposition angenehm und seitenstabil zu halten.

3.4.2 Sitzverkleinerer / Kopfstützen

Für Kinder, die schon selbst sitzen können, sind sogenannte Sitzverkleinerer, in weiterer Folge Kopfstützen erhältlich. Beides ist sehr ratsam, weil die Kinder im Anhänger oft und gern einschlafen oder den Kopf zur Seite legen wollen. Verschiedene Modelle sind erhältlich, am besten ausprobieren, damit die Größe für das Kind wirklich passt und die Kopfstütze nicht zu eng und unbequem ist.

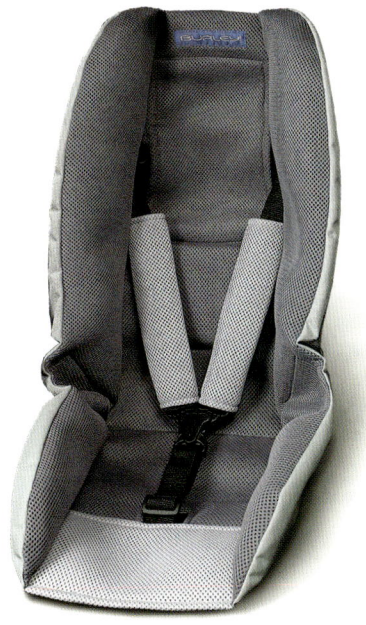

3.4.3 Regenschutz

Viele Hersteller bieten zusätzliche Regenverdecke für ihre Anhänger an. Die Standardverdecke schützen zwar meist schon sehr gut gegen leichten Regen, bei einem wirklichen Regenguss und der darauffolgenden Fahrt durch tiefe Wasserpfützen und mit heftigem Spritzwasser ist man mit der Zusatzvariante aber deutlich besser aufgehoben. Wer bei Regen und Kälte wild heimwärts treten muss, hat es auch als völlig durchnässter Radfahrer noch warm, wer mit nassen Füßen im Anhänger sitzt hat es weniger fein... Auch beim Abstellen im Freien bleibt so der Anhängerinnenraum trocken!

Einige Modelle sind bereits ab Werk mit 100% wasserdichten Verdecken ausgeführt und brauchen daher keinen zusätzlichen Regenschutz.

Wird vom Hersteller ein optionaler Regenschutz angeboten, hat das meist seinen Grund – dringende Kaufempfehlung!

Für den Singletrailer gibt es ein passendes Schutzblech zum Nachrüsten. Es ist gut ausgeführt und schützt die Rückseite des Anhängers vor Spritzwasser vom eigenen Laufrad. Für heftige Regenfahrten empfehlenswert.

3.4.4 Fahne / Wimpel

Rauf damit. Mitunter auch zwei!
Ohne Fahne ist die Sichtbarkeit des Kinderanhängers für Autofahrer und andere Verkehrsteilnehmer stark eingeschränkt. Der Gefahr, dass von anderen Verkehrsteilnehmern nur der Radfahrer bemerkt, der Anhänger aber übersehen wird, ist stets Beachtung zu schenken. Daher ist eine Fahne und ordentliche Beleuchtung am Anhänger ein absolutes Muss.

Es ist übrigens ziemlich normal, dass eine Fahne im Laufe der Zeit irgendwann reißt, bricht, sich auflöst... Also regelmäßig überprüfen und gegebenenfalls reparieren oder eine neue besorgen. Und wenn sie doch einmal auf der wilden Talfahrt gänzlich verloren geht, bitte umgehend einen Ersatz selber basteln. Weidenrute, Kabelbinder, Ersatztrikot des Vaters – et voilà!

Vorsicht: Einige am Markt erhältliche Fahnen / Wimpel für Kinderanhänger bestehen aus zwei Teilen, damit man sie beim Transport rasch auseinandernehmen kann. Ebenso rasch kann aber der obere Teil auf der Fahrt verloren gehen, wenn man an Ästen streift, bei Erschütterungen, etc... Wer auf Nummer sicher gehen will, sollte diese Steckverbindung mit z.B. Gaffa-Tape fixieren.

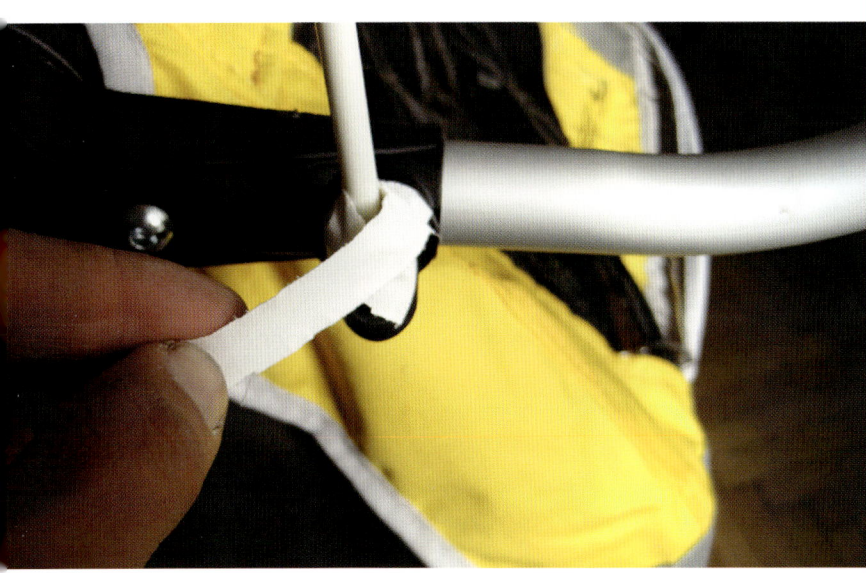

Wimpelsicherung mit Tape am Burley Cub

Der Singletrailer wird gänzlich ohne Fahne ausgeliefert – mit drei Kabelbindern kann man aber eine Standardfahne rasch und sicher am Heck befestigen. Der mittlere Kabelbinder an der oberen Dämpferbefestigung sollte aber nicht voll zugezogen und in einer lockeren Schlaufe belassen werden – sonst wird die Fahnenstange gebogen und der Wimpel ragt an seiner Spitze seitlich weit über den Anhänger hinaus. Das könnte dann für entgegenkommende Radfahrer durchaus „ins Auge" gehen.

3.4.5 Beleuchtung / Reflektoren

Die ausreichende Ausstattung mit Reflektoren ist gesetzlich vorgeschrieben.

Hochwertige Kinderanhänger besitzen meist schon ein mit reflektierenden Materialen ausgestattetes Verdeck, zusätzliche Reflektorensets werden angeboten und sollten eigentlich als Selbstverständlichkeit angesehen werden. Also hinten, vorne, evtl. seitlich und natürlich auch „Katzenaugen" in die Speichen! Bei zweispurigen Anhängern sind sogar zwei Reflektoren vorne und hinten gefordert und ratsam, um die gesamte Breite des Anhängers zu markieren. Es sind auch Reifen mit integrierten seitlichen Reflektorstreifen erhältlich und bei manchen Anhängern schon serienmäßig eingebaut.

Auch eine vom Zugfahrrad unabhängige Beleuchtungsanlage ist laut STVO Pflicht. Empfehlenswert sind jeweils zwei Lichter, um in der gesamten Breite erkennbar zu sein.

Felgen- oder Seitenläuferdynamos sind nur sehr aufwendig in Anhänger einzubauen. Lichter mit Magnetinduktion sind meist nur schwierig zu montieren und erhöhen unter Umständen die Breite des Anhängers. Dafür stehen sie immer zur Verfügung.

Am einfachsten lassen sich Lichter mit Akku- oder Batteriebetrieb am Anhänger anbringen. Beim Kauf von solchen Leuchten ist man gut beraten anstatt der günstigen, batteriebetriebenen Variante auf hochwertigere Modelle mit integriertem, aufladbarem Akku zu setzen – die meisten dieser Akkuleuchten kann man einfacherweise sogar am USB-Port laden. Gute Modelle signalisieren durch eine Warnanzeige rechtzeitig, wenn das Gerät wieder aufgeladen werden sollte. Sie haben einen dicken Gummi zur Befestigung, der auch nach oftmaliger Montage und Demontage gut hält.

Erfahrungsgemäß schaltet man Akkulichter viel öfter ein als Batterielichter, sobald man das Gefühl hat, dass die Sicht durch Regen, Nebel oder Dämmerung getrübt ist. Man muss nicht über die Lebensdauer der Batterie nachdenken. Und wenn es hinten am Anhänger auch untertags blinkt, erhöht das de facto die Aufmerksamkeit der Autofahrer. Zusätzlich amortisiert sich der etwas höhere

Kaufpreis schon nach wenigen Einsätzen... Batterien sind auf Dauer nicht nur eine vermeidbare Umweltsünde, sondern auch teuer!

Bei meinen Anhängern habe ich z.B. die Lezyne Zecto Drive im Einsatz, die man sowohl an Laschen via Gürtelclip einstecken UND mit dem Spanngummi sichern (z.B. Singletrailer hinten) – aber auch nur mit dem Spanngummi auf allen Arten von Rohren montieren kann (auf den Schiebegriffen der Zweispurer, auf Lenkern und Sattelstützen normaler Fahrräder und Kinderräder...).

3.4.6 Zusätzliche Packtaschen / Dachgepäckträger für Anhänger

Packtaschen und Dachgepäckträger werden auf dem Kinderanhänger montiert, um zusätzliche Möglichkeiten zum Transport von Gepäck zu schaffen. Eine praktische Sache, aber Vorsicht in Bezug auf den Schwerpunkt des Anhängers. Wer hoch und schwer lädt, muss seinen Fahrstil unbedingt anpassen, es besteht erhöhte Kippgefahr bei schmalen zweispurigen Anhängern!

Für den Singletrailer gibt es spezielle Taschen vom Hersteller Tout Terrain, die innerhalb des Rahmendreiecks befestigt werden – sehr praktisch für alle permanent mitgeführten Standardutensilien. Außerdem können für größere Transporte am oberen Rahmendreieck AUSSEN auch mittelgroße Standardpacktaschen leicht montiert und am Ziel dann rasch runtergenommen werden, zum Beispiel Ortlieb Frontrollers. Auch hier sei aber vor besonders schwerer Zuladung gewarnt – das Fahrverhalten wird dann durch den hohen Schwerpunkt beeinflusst.

Front Rollers am Singletrailer

3.4.7 Schlafsack – Fußsack

Nicht nur für den harten Winter, auch für die Übergangszeit empfiehlt sich die Verwendung eines Fußsacks für die Kinder. Sollten sie an einem Frühlingstag doch zu warm sein, kann man die Kinder zwar reinsetzen, aber die Vorderseite einfach offen lassen.

Lassen Sie sich vom im Handel verwendeten Fachbegriff „Fußsack" nicht irreleiten: Es handelt sich dabei eigentlich um Schlafsäcke, die vorne bis unter den Hals abschliessen und auf der Hinterseite bis weit über den Kopf des Kindes hinausragen. So ist auch bei niedrigen Temperaturen der Kopf des Kindes von hinten sehr gut vor Kälte und Zugluft geschützt.

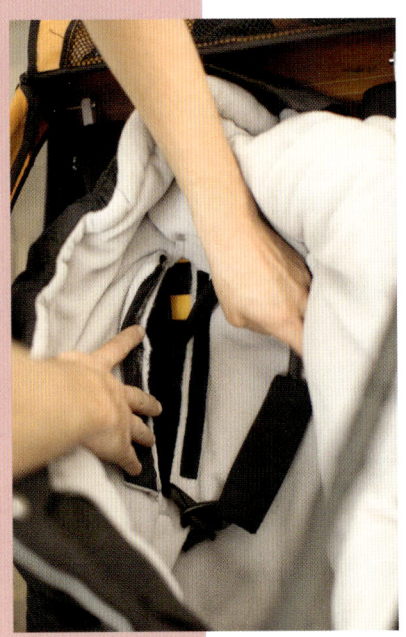

Die Materalien der von mir seit Jahren verwendeten Modelle von Zweipluszwei/ Chariot sind hervorragend, es gibt aber bestimmt hochwertige Alternativprodukte. Diese Schlafsäcke haben auf der Hinterseite Öffnungen, um die Gurtsysteme durchzufädeln. Beim Kauf sollte man hier gut auf die korrekte Anzahl und Position der Gurtöffnungen auf der Rückseite achten, damit der Fußsack zum Gurtsystem des Anhängers passt. Standard ist meist ein 5-Punkt-Gurtsystem. Am flexibelsten sind hier Schlafsäcke à la Zweipluszwei mit einer Öffnung im Schritt und zwei langen, schlitzförmigen Öffnungen auf der Seite. Diese universellen Fußsäcke passen in alle mir bekannten Anhänger.

Beim Singletrailer sollte man unbedingt diese Fußsäcke mit langen, schlitzförmigen Öffnungen benutzen: Durch den beidseitigen Schlitz für die Schultergurte kann man diese in wenigen Augenblicken montieren. Wer einen „herkömmlichen" Kinderwagenfußack mit Punktöffnungen verwendet, muss mühsam das gesamte Gurtsystem

aus- und einfädeln. Dieses Procedere nimmt doch etwas Zeit in Anspruch. Man sollte einen solchen Umbau lieber am Vorabend der ersten Ausfahrt – und zwar ohne Kinder machen.

Bei allen Fußsäcken ist es hilfreich, diese auch am oberen Ende (also über dem Kopf) am Rahmen des Anhängers zu befestigen. So verhindert man ein Herunterrutschen des Fußsacks und erspart sich so manches Ärgernis beim Ein-und Ausladen des Kindes.

3.4.8 Alternative Kupplungssysteme für Achskupplungen

Die Kupplungssysteme und Deichseladapter der Firma Weber haben sich als hochwertige Alternative zu den Standardkupplungen erwiesen. Sie sind in verschiedenen Varianten erhältlich: versperrbar, mit integriertem Ständer, usw. usf.

Das An- und Abkuppeln ist mit so einer Bajonett-Kupplung deutlich schneller und einfacher durchgeführt als mit den Standardkupplungen und gerade bei häufigem Anhängerwechsel sehr empfehlenswert.

Weber bietet auch Sonderkupplungen und Adapter für spezielle Nabentypen. Denn: Manche Fahrräder und Standardachskupplungssysteme können nicht so einfach miteinander kombiniert werden. Dies betrifft vor allem Modelle mit Nabenschaltung oder besonders ausgefallene Rahmen- und Achsformen. Weber hat sogar eine Variante für die immer weiter verbreiteten 12/15 mm Steckachsen bei Mountainbikes im Programm.

Wenn ein E-Bike mit Achssensor (z.B. BionX) zusammen mit einer Standard-Achskupplung verwendet wird, kann die Funktion des Sensors möglicherweise nicht mehr einwandfrei gewährleistet werden. Wer bei seinem E-Bike eine fixe Ständeraufnahme an der Hinterstrebe hat, kann diese Problematik durch einen speziellen Adapter von Weber elegant umgehen: Die Deichselaufnahme wird dann an diesem Punkt der Hinterbaustrebe und nicht an der Achse angebracht. Diese Lösung ist natürlich auch für Räder ohne E-Motor möglich, und bietet den Vorteil eines raschen Wechsels des Hinterrads, während der Anhänger noch montiert bleibt.

Eine Deichselmontage direkt am Rahmen (hier an der 40 mm Befestigung des Ständers) umgeht elegant die manchmal problematische Achsmontage

Informieren Sie sich beim Anhängerkauf dementsprechend und nehmen Sie Ihr Fahrrad mit ins Geschäft, um auf Nummer sicher zu gehen. Sollte ihr Händler einmal nicht weiterwissen, wenden Sie sich mit einem Detailfoto Ihres Fahrrads per Email direkt an Weber. Dort ist man auf die tägliche Flut der Anfragen bestens gewappnet und trifft immer auf große Hilfsbereitschaft.

3.4.9 Transporttaschen zum Schutz des Anhängers

Für manche Modelle sind eigene Schutztaschen für den Transport im zusammengeklappten Modus erhältlich.

3.4.10 Überwurf-Garagen

Überwurfgaragen schützen den Anhänger vor Staub und Witterung, wenn er im Freien abgestellt wird. Das ist eine sehr lohnende Anschaffung in Bezug auf Korrosion, Abnutzung und Verunreinigung. Aber Vorsicht: Nicht alle Modelle sind 100 %-ig wasserdicht!

Wer geschickt ist, kann aber auch mit einer guten Plane aus dem Baumarkt improvisieren und seine daneben abgestellten Fahrräder gleich mitabdecken.

3.4.11 Schloss

Ein einfaches Nummernschloss am Anhänger ist sehr ratsam. Der Anhänger kann dann überall rasch abgeschlossen werden. Gegebenenfalls auch unabhängig vom Fahrrad.

Achten Sie bei der Montage darauf, das Schloss optimalerweise durch den Rahmen zu fädeln und nicht nur ein Laufrad abzuschliessen! Spiralschlösser sind leichter, ein dickes Kettenschloss bietet eine höhere Sicherheitsstufe.

Fädeln sie das Schloss immer durch den Rahmen des Anhängers und um einen massiven Gegenstand

3.5 Pimp my Anhänger

Trotz der Bemühungen der Hersteller, optimale Produkte auf den Markt zu bringen, gibt es doch da und dort Möglichkeiten, die Funktion und den Komfort der Modelle zu erhöhen. Die folgenden Tipps sind von mir und meinen Kindern allesamt langjährig in der Praxis erprobt und für gut befunden worden. Inwieweit Haftungsansprüche oder Gewährleistungen der Hersteller von diesen Umbauten betroffen sind, entzieht sich meinem Wissen.

Die Tipps beziehen sich konkret auf die von mir selbst ausgiebig verwendeten Modelle Tout Terrain Singletrailer und Thule-Chariot CX2 – sind aber mit kleinen Abwandlungen auch auf andere ähnliche Fabrikate übertragbar!

Alle Angaben ohne Gewähr, los gehts:

3.5.1 Der Isomatten – Thermo – Mod

Um im harten Winter und der Übergangszeit zu bestehen, kann man sich mit Isomatten aus dem Campingbedarf eine deutlich bessere Ausgangsposition verschaffen. Bei unserem Chariot ist der Isomattenboden eigentlich das ganze Jahr über fix montiert.

Beim Singletrailer am besten drei passende Stücke aus einer 1–2 cm dicken Isomatte herausschneiden: Ein Rückenteil, das hinter dem Rückenteil des Sitzes von unten bis ganz oben hochgeschoben wird, ein Bodenteil, das von vorne bis unter den Sitz zum Lüftungsspalt reicht, und eine längliches Stück, das die Seitenwände verkleidet. Das Ganze hält eigentlich von selbst und funktioniert hervorragend. Bitte auf das Lüftungsnetz unter dem Sitz achten, das sollte natürlich nicht verdeckt werden.

Beim Chariot CX2 gehts ähnlich, allerdings reicht hier ein einziges großes Stück, das von der vorderen Anhängerkante bis zum Schulterblatt des Kindes reicht (das Belüftungsnetz auf Kopfhöhe muss freibleiben!).

Dafür muss man aber an den richtigen Stellen mit dem Teppichmesser Schlitze schneiden, an denen dann die Gurte durchgefädelt werden. Auch keine große Hexerei. Auf das Ausschneiden der Klettverschlussbefestigung des Sitzpolsters kann verzichtet werden, durch die Gurte und die Isomatte verrutscht dieser in der Praxis nicht (diese Klettverbindungen gibt es auch erst ab ca. Baujahr 2013).

Beim CX2 gibt es ja unter dem Popo des Kindes keinen Luftraum wie etwa beim Singletrailer, Burley etc., sondern der Sitzpolster befindet sich direkt auf der Bodenplane. Die Isomatte ist daher thermisch im Winter, aber auch in die Übergangszeit oder bei einem heftigen Regenguss sehr nützlich. Denn auch die beste Bodenbespannung wird im Laufe einer heftigen Regenfahrt irgendwann undicht – dann schützt die Isomatte zu 100 % vor Nässe von unten.

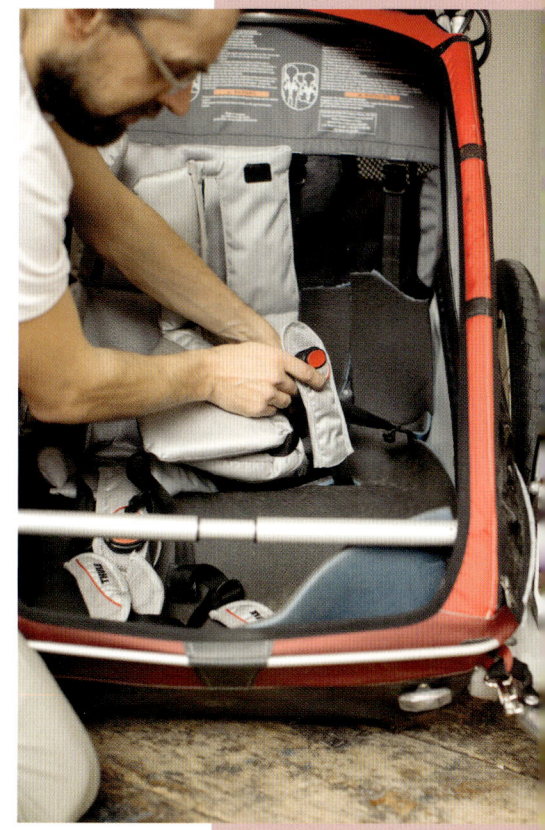

Wenn Wasser durch die Bodenplane dringt und sich im Zwischenraum Feuchtigkeit sammelt, muss die Isomatte zu Hause unbedingt herausgenommen werden, damit der Anhänger und die Matte gut trocknen können!

Ein weiterer Vorteil der Isomatte ist die zusätzliche Dämpfung im CX2: Die Matte wird ja über die untere Rahmenquerstange gelegt, die sich unter den Kniekehlen des Kindes befindet. Diese ist an sich schon vom Hersteller mit einer Schaumstoffrolle bezogen, die Isomatte dämpft aber nochmals Fahrbahnerschütterungen. Das ergibt 20 mm Federweg extra.

Bei manchen Anhängern mit fester Kunststoffbodenwanne ist der Abstand zwischen Sitz und Wanne am hintersten Punkt äußerst knapp dimensioniert – auch hier ist eine Lage Isomatte zur Dämpfung ratsam, um den Komfort für die Kinder bei heftigen Stößen zu verbessern.

3.5.2 Sonnensegel

Die Fenster von hochwertigen Anhängern sind allesamt UV-abschirmend ausgeführt, das zusätzliche Sonnendach des Singletrailers ist super. Allerdings: Eine tiefstehende Sonne kann die Kinder trotzdem unangenehm blenden. Bei vielen zweispurigen Anhängern ist auch der Schutz vor hochstehender Sonne nicht optimal. Viele Kinder wissen außerdem einen gemütlichen Vorhang beim Mittagsschlaf durchaus zu schätzen.

Ich habe für beide Anhängertypen Sonnensegel aus Stoff zurechtgeschnitten und an den Ecken mit circa zwanzig Zentimeter langen Klett-Kabelbindern versehen. Damit kann das Sonnensegel in Windeseile montiert und sicher fixiert werden. Wenn das Kind aufwacht oder der Sonnenschutz nicht mehr notwendig ist, kann man das Sonnensegel so auch noch an zwei Punkten am Anhänger montiert lassen und

einfach aufrollen. Montagepunkte gibt es an beiden An-hängern zur Genüge. Die sichere Befestigung an allen Punkten ist enorm wichtig, damit der Stoff nicht in die Laufräder des Anhängers geraten kann.

Für den Singletrailer bastelt man am besten zwei Sei-tensegel. Wenn das Verdeck vorne nur im Netzmodus betrieben wird, kommt genug kühlender Fahrtwind zum Kind.

Für den CX2 und ähnliche Modelle kann man auch Sei-tensegel anfertigen, noch wichtiger ist hier aber eine zusätzliche Abdeckung für die Oberseite: Gerade beim Transport eines Babys in der Hängematte reicht der werksseitige Sonnenschutz auf der Oberseite nicht aus, er schützt nur das Gesicht und Oberkörper eines sitzen-den oder liegenden Kindes.

Wer also sein Baby mit – völlig zu Recht – nackten Füßen und Beinen im Hochsommer zu Mittag ins Schwimmbad bringen will, tut gut daran diese Oberseite zusätzlich außen mit einem Sonnensegel abzudecken. Thermisch ist das beim CX2 kein Problem – durch die geöffneten Seitenfenster und das offene Rückennetz ist genug

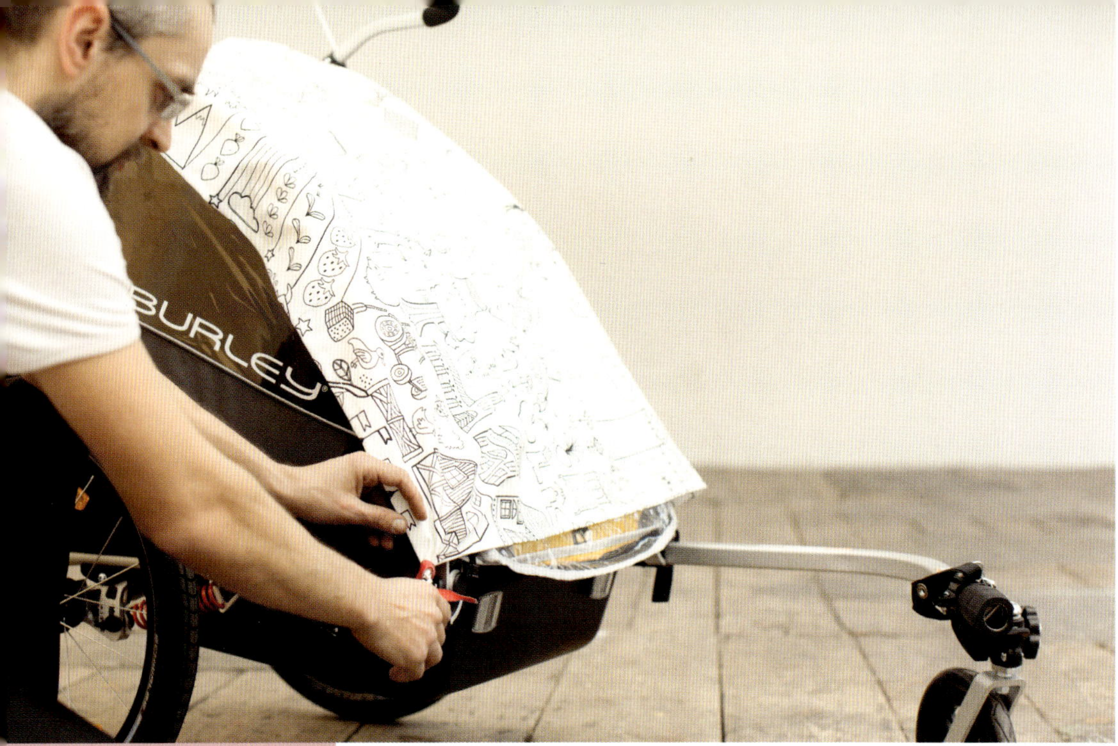

Wer bei einem Zweispurer ein vorderes Sonnensegel anbringt, sollte auf ausreichende Lüftung achten: In diesem Fall also entweder die Rückseite des Anhängers komplett öffenen oder das Sonnensegel oben auf den Schiebebügel spannen – und darunter im Netzmodus fahren.

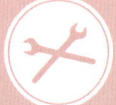

Fahrtwind in der Kabine. Man kann dieses Sonnensegel beim CX2 auch über die – während der Fahrt ja nach oben – montierten Räder des „Buggy-Sets" führen, dann kommt der Fahrtwind auch von vorne zu den Kindern – aber die Sonne bleibt draußen.

Bei anderen Modellen bitte auf eine möglichst großzügige Belüftung durch die Rückseite achten und das Sonnensegel z.B. auf den oben vorgeklappten Bügelgriff spannen, damit auch über die Vorderseite Zugluft in den Anhänger kommen kann. Die Auswahl der Stoffe sollte natürlich den Kindern überlassen werden, denn nur sie wissen wirklich, was gerade „hip" ist...

3.5.3 Kopfstützen-Eigenbau

Kopfstützen – vor allem für größere Kinder – kann man sich auch relativ einfach selbst basteln und dadurch individuell auf die Bedürfnisse und Größe seines Kindes anpassen. Meiner Erfahrung nach sind individuelle Zusatzpölster bei allen Anhängermodellen ein sehr wichtiges Mittel, um den optimalen Schlafkomfort und eine stabile Ruheposition für die Kinder zu gewährleisten.

Kopfstützen-Eigenbau:
Die besagte Matte Ton-
studio-Noppenschaum-
stoff in der Dimension
1x1 Meter kostet nur
ca. 10 Euro und eignet
sich durch die Form der
Noppen viel besser zum
Einrollen und Festklem-
men als herkömmlicher
Schaumstoff.

Die fertig angebrachten
Kopfstützen von oben.
Am Ende wird dann
noch ein kuscheliger
Überzug übergezogen.

97

Gerade im Singletrailer ist das eine sehr wichtige Sache. Ich habe aus Noppenschaumstoff (Stärke ca. 4–5 cm) Streifen von ca. 20 × 50 cm ausgeschnitten, zusammengerollt, mit einem dünnen Tapestreifen fixiert, mit elastischem Stoff (angenehme Oberfläche für die Haut des Kindes!) überzogen und dann zwischen Sitz und Fenster eingeklemmt, man kann sie auch hinter dem Rücksitz mit einer Schnur verbinden und so zusätzlich gegen Verrutschen sichern. Wer Angst vor Schadstoffen hat, kann auf Nummer sicher gehen und die Polster unter dem Stoffcover auch noch luftdicht einpacken.

Im Laufe der Zeit beult sich zwar das Verdeck an dieser Stelle etwas aus – aber wen stört das, wenn sich das müde Kind gemütlich anlehnen und ohne baumelnden Kopf schlafen kann! Durch die Länge der ausgeschnittenen Streifen kann der Durchmesser perfekt kontrolliert und variiert werden. Je nach Platzbedarf und Größe des Kindes. Nachdem diese Polster hinter der Sichtlinie des Kindes liegen, haben meine Kinder diese Pölster nie als störend empfunden.

Fertig! Die selbstgebastelten Kopfstützen im Singletrailer bieten Komfort und Sicherheit

Diese Kopfstützen haben auch einen wichtigen Sicherheitsaspekt: Wenn das Kind dann eingeschlafen ist oder einfach aus Spaß den Kopf auf das Seitenfenster legt, kann ein streifender Ast oder Pfosten das Kind unter Umständen verletzen. Mit solchen Kopfpolstern ist dies eigentlich nicht mehr möglich. Auch bei einem Sturz, bei dem der Anhänger zur Seite kippt, wird der Kopf von 10 cm Schaumstoff federweich aufgefangen.

Im CX2 habe ich dieses Prinzip auch übernommen, als mein Sohn der Hängematte entwachsen war. Die Befestigung funktioniert hier aber nur dann gut, wenn nur EIN Kind mitfährt: Dann können die nicht benützten Außengurte zusammengesteckt und die Polster hier „eingefädelt" werden.

Kopfstützenmontage beim CX2 ab Baujahr 2013

Diese Variante ist beim CX2 nur bis ungefähr zum Modelljahr 2012 möglich (U-Gurte, Variante, ein Kind in der Mitte anzuschnallen, explizit im Anhänger dargestellt). Danach können alleinfahrende Kinder nur mehr links oder rechts, aber nicht mehr in der Mitte angeschnallt werden.

Bei den neuen Modellen ab ca. 2013 unter dem Namen „Thule-Chariot" schnallt man beim Transport eines Kindes am besten einen Schaumstoffpolster so hoch wie möglich an der Kopf-/Brustposition des freien Sitzplatzes fest: So kann das Kind auch hier gemütlich schlafen und der Kopf liegt stabil und weich gefedert. Ein flauschiges Cover darüber, fertig!

Wenn zwei Kinder mitfahren, ist in einem Zweisitzer für solche Polster kein Platz mehr. Meine Kinder haben dann einen ECHTEN Kuschelpolster zwischen ihren Köpfen

platziert und so zusammen gemützt... Natürlich nicht optimal, aber für kurze und rüttelfreie Strecken kein Problem.

Die besagte Matte Tonstudio-Noppenschaumstoff in der Dimension 1 × 1 Meter kostet nur ca. 10 Euro und eignet sich durch die Form der Noppen viel besser zum Einrollen und Festklemmen als herkömmlicher Schaumstoff.

3.5.4 Der Flaschenhalter

Im Singletrailer sind die kleinen Gepäcknetze gerade für kurze Kinderarme nur sehr schwer zu erreichen, vor allem wenn das Kind gut und fest angeschnallt ist. Also muss ein für die Kinder erreichbarer Getränkehalter her! Ein Kunststoffgetränkehalter aus dem „Amerikanischen Restaurant" – eigentlich zum Einklemmen ins Autofenster konzipiert – wurde etwas gebogen und mit Kabelbinder und Gaffatape in Form gebracht.

Funktioniert aber natürlich auch mit regulären Fahrradflaschenhaltern.

„Schau, du kannst den sogar in der Postition verschieben, so wie es dir gerade am besten passt!" – „WOW! Danke, Papa!"

3.5.5 Spanngummis / Klettkabelbinder / Zurrgurte

Der Spanngummi, wie er etwa bei Fahrradgepäckträgern Verwendung findet, ist eine äußerst nützliche Erweiterung für jeden Kinderanhänger, am besten gleich zwei davon... Es gibt immer irgendwas zu fixieren oder mitzunehmen, gerade wenn man nicht damit rechnet.

„Ja, dieser Stock (Länge ca. 120 cm) MUSS mit nach Hause, ich habe extra die ganze Rinde runtergeschält, und der muss jetzt mit." – „Gut".

Ich habe vorbeugend auch immer ein paar Klett-Kabelbinder auf den Anhängern montiert... unglaublich praktisch. Wer ganz sicher gehen will, verwendet hochwertige Zurrgurte, die gibt es auch in kleinen Dimensionen. Solche Gurte bieten bombenfesten Sitz für besonders schwere Gepäckstücke wie Laufräder, Roller oder Kinderräder.

Auf den Dachrohren des Singletrailers festgeschnallte Luftpumpe: Die selbstgemachten Gummi-Überzieher am Rahmenrohr schützen den Lack und verhindern ein Verrutschen der Ladung

Um die beförderten Gegenstände zusätzlich vor Verrutschen zu sichern und den Anhänger und die mitgeführten Objekte vor Zerkratzen zu schützen, kann man einfach kurze Stücke aus alten Fahrradschläuchen schneiden und diese über die Rohre ziehen. Voilà!

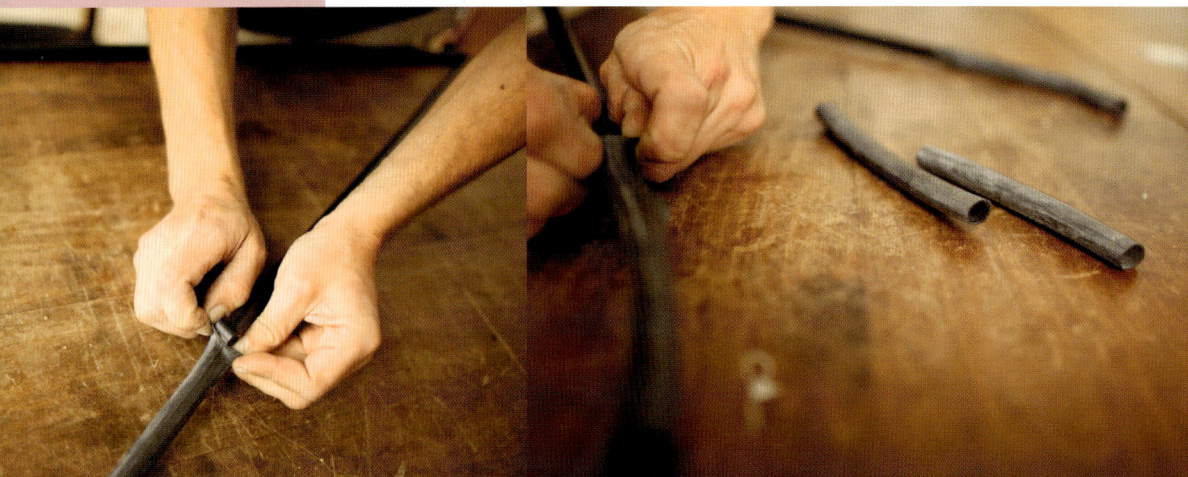

3.5.6 Wäscheklammern

Wäscheklammern eignen sich hervorragend, um die schweißnassen Elternkleider oder die beim Spielen im Bach nass gewordenen Kinderkleider am windigen Spielplatz sicher auf den Stangen des Singletrailers zum Trocknen zu montieren. Ausnahmsweise NICHT meine Idee, gesehen beim Kollegen. Respekt!

3.5.7 Reifen und Luftdruck

Je größer der Reifen dimensioniert ist, desto höher sind seine Dämpfungseigenschaften und desto höher der Komfort für das Kind. Der Reifen absorbiert in erster Instanz alle Fahrbahnunebenheiten – und das auf hervorragende Art und Weise. Vorausgesetzt, man fährt mit möglichst wenig, aber natürlich ausreichendem Luftdruck. Die ab Werk verbauten Reifen sind meistens ein Kompromiss aus ausreichender Dämpfung und guten Rolleigenschaften.

Links Big Apple 20 × 2,15, rechts Standardbereifung in 20 × 1,75, montiert auf dem gleichen Laufrad! Ungefähr 1,5 cm mehr Komfort für die Kinder (gemessen am Radius!)

Wenig Luftdruck bedeutet natürlich auch deutlich mehr Rollwiderstand. Wer sportlich ambitioniert ist und seinem Kind einen besonders gemütlichen Mittagsschlaf gönnen möchte, fährt mit besonders weich befüllten Reifen. 2 Bar und weniger sind mit großen Ballonreifen technisch gar kein Problem. Wer den Komfort der Kinder optimieren will und bereit ist, dafür etwas mehr in die Pedale zu treten, dem rate ich zu den größten und dicksten verfügbaren Reifen!

Für den Zweispurer eignen sich dicke Ballonreifen à la Schwalbe Big Apple hervorragend. Wer für seinen Anhänger noch zwei (!) Stück in der Dimension 20 × 2,35" ergattert, darf sich schon als Sieger feiern lassen: Der hohe Durchschlagschutz des Reifens erlaubt sehr geringen Luftdruck bei großem Dämpfungsvolumen. Das bedeutet einige Zentimeter besonders feinfühlig ansprechenden Federweg extra für das Kind. Zusätzlich sind diese Reifen mit Reflektorstreifen ausgestattet, ein Sicherheitsplus. Beim CX2 und Burley D'lite+Cub ist diese Breite einbautechisch kein Problem, andere Modelle sollte man dahingehend überprüfen oder beim Hersteller nachfragen.

Für den Singletrailer kann man sich auch aus dem reichhaltigen Fundus dicker BMX-Reifen bedienen. Seitenhalt, Volumen und Abrolleigenschaften muss jeder nach seinem Anforderungsprofil selbst entscheiden und ausprobieren.

Von unprofilierten Ballonreifen ist hier allerdings abzuraten, da der Anhänger dann bei Schrägfahrten auf lockerem Untergrund seitlich leichter wegrutschen kann. Seitenstollen sind also sehr empfehlenswert. Hochwertige Reifen mit Seitenstollen und Reflexstreifen sind hier bereits ab Werk verbaut, es gibt dahingehend grundsätzlich also keinen zwingenden Nachrüstbedarf.

Für Stadtfahrer bieten besonders dicke Reifen an allen Anhängertypen auch mehr Sicherheit in Bezug auf Straßenbahnschienen: Beim Fahren mit Anhänger kann es durchaus passieren, dass man mit einem Anhängerrad in die Schienenspur gerät. Fährt der Anhänger IN den Schienen ist es natürlich nicht so tragisch als wäre es das Zugfahrrad, aber dennoch nicht besonders angenehm.

Auch als routinierter Stadtfahrer ist man vor dieser Situation nicht gefeit, denn das intuitive Meiden von Straßenbahnschienen mit seinem eigenen Vorderrad hat rein gar nichts mit den beiden (!) Spuren zu tun, die die Räder eines Zweispurers ziehen. Die Standardreifen (Breite 1,6"–1,9")sind erfahrungsgemäß eine Spur zu schmal, um hier wirklich sicher unterwegs zu sein. Die von mir am CX2 montierten 2,35" breiten Wälzer funktionieren dahingehend aber hervorragend.

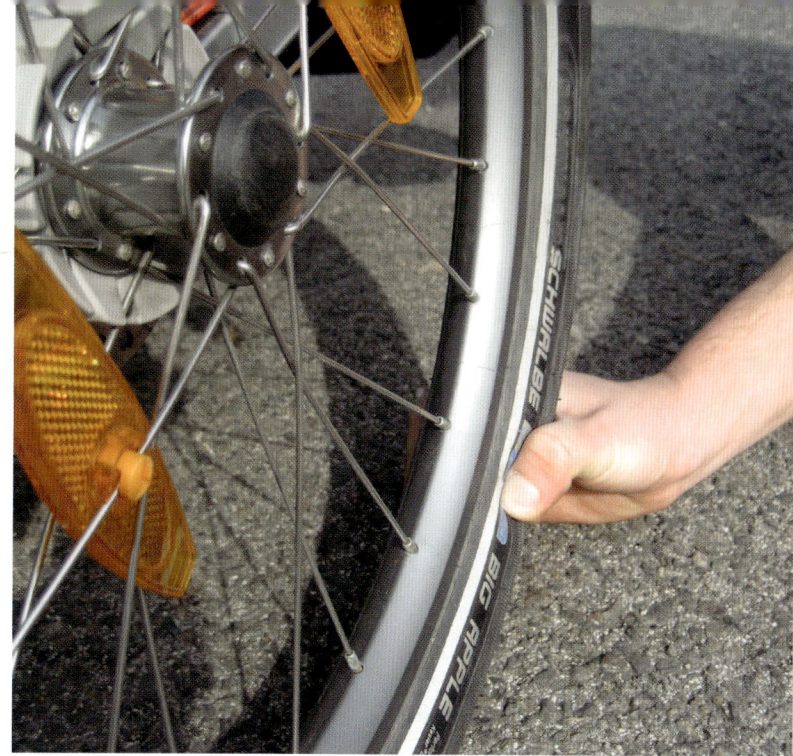

Big Apple „butterweich"
mit 1,5 Bar

Hinweis: Im Augenblick ist der Big Apple nur in 20 × 2,15"
erhältlich. Nur ein wenig kleiner als der 2,35" ist auch diese Dimension schon ein Quantensprung zur Standardbereifung, auch das Modell Big Ben in 20 × 2,15" funktioniert sehr gut am Anhänger. Besonders interessant, aber
etwas schwerer, ist der Big Apple PLUS mit besonders
hohem Pannenschutz, auch in 20 × 2,15" erhältlich.

3.5.8 Imprägnieren des Anhängerbodens

Die Materialien der Bodenplanen sind generell sehr robust und wasserabweisend. Dennoch ist bei heftigen
Regengüssen und langen Fahrten keine hundertprozen-
tige Dichtheit zu erwarten. Im gut sortierten Outdoorhan-
del gibt es spezielle Sprays (z.B. Tent & Pack Proof von
Toko) zum Imprägnieren von Zeltplanen.
Dieses Procedere hat die wasserabweisende Funktion
unserer Singletrailer deutlich verbessert. Behandelt wurde dabei die AUSSENSEITE des schwarzen Anhängerbodens in mehreren Schichten. Vor der ersten Ausfahrt
nach dieser Anwendung durfte der Anhänger aber noch
ein paar Tage im Freien „ausstinken". Ein Tag wäre wohl
ausreichend gewesen, aber sicher ist sicher.

3.5.9 Kürzen des unteren Deichseldreiecks beim Singletrailer

So, jetzt wird´s richtig amtlich. Diese Arbeit sollte nur von einem erfahrenen Schlosser durchgeführt werden. Nach dem Vollenden der Schweißarbeiten muss die Deichsel wieder grundiert und lackiert werden, um vor Korrosion geschützt zu sein. Aber warum zur Hölle das untere, schräge Dreieck kürzen?

Kürzen des Singletrailer-rahmens, um die Fahrstabilität für besonders kleine Rahmengrößen zu verbessern

106

Der Singletrailer funktioniert unserer Erfahrung nach sehr gut mit Fahrrädern in den Größen Medium-Large. Bei sehr kleinen Rahmengrößen – in Verbindung mit modernen MTB-Geometrien mit stark abfallendem Oberrohr und dementsprechend langen Sattelstützen – ist der Befestigungspunkt für die Deichsel oft zu weit vom stabilisierenden Rahmen entfernt. Dies kann dazu führen, dass der Anhänger leichter zu schwingen beginnt, was gerade bei höheren Geschwindigkeiten ein unangehmes Fahrgefühl mit sich bringt.

Wird besagtes Dreieck des Singletrailers ein wenig (in unserem Fall um circa drei Zentimeter) gekürzt, kann der Anhänger – bei gleichbleibender Sitzposition für das Kind und gleichem Federweg und Bodenfreiheit – tiefer an der Sattelstütze und damit näher am Rahmen montiert werden. Das ehemals schwammige Fahrverhalten in Verbindung mit dem kleinen MTB-Rahmen gehörte damit in unserem Fall der Vergangenheit an.

3.6 Wartung und Reinigung

Die meisten Hersteller liefern ihre Produkte mit ausführlichen Bedienungsanleitungen und spezifischen Wartungshinweisen aus. Die Angaben zu Drehmomenten beim Zusammenbau sollten sehr ernst genommen werden.

Auch im laufenden Betrieb müssen die Anhänger regelmäßig überprüft werden. Dabei geht es in erster Linie um den Check sämtlicher Schraubverbindungen, vom Rahmen bis zur Deichsel. Meine Erfahrung hat gezeigt, dass sich ziemlich alle Schraubverbindungen bei Anhängern – trotz Sicherheitsmuttern und Schraubenkleber – nach einem gewissen Kilometer- und Belastungskontingent lockern können.

Der Grund hierfür ist oftmals konstruktionsbedingt: Die Anhänger müssen meist zusammenklappbar sein, daher sind viele ansonsten starr geschweißte Verbindungen beweglich ausgeführt. Durch die Elastizität der Rahmen und die Belastung durch Schaukeln und Ziehen können

sich die Verbindungen mit der Zeit lockern. Wer das Gefühl hat, dass sich der Anhänger „irgendwie anders" fährt oder knackende Geräusche von sich gibt, sollte sich umgehend auf die Suche nach der Ursache machen!

Gerade die Speichenspannung, aber auch Lagerlauf und Lagersitz sollten in regelmäßigen Intervallen kontrolliert werden um nachhaltige Schäden zu vermeiden.

Selbstgebauter Zentrierständer für Anhängerlaufräder

Das Prüfen und Nachjustieren der Speichenspannung führe ich bei meinen Anhängern alle 2000 Kilometer durch, also deutlich häufiger als am Fahrrad.

Die einseitigen Steckachsen mit Schnellverschluss lassen sich allerdings nicht so einfach in einem herkömmlichen Zentrierständer befestigen. Abhilfe schafft eine simple Konstruktion: Ein Loch in ein Stück Holz bohren (für Chariot-Achsen z.B. 12 mm) und dieses mit einer Schraubzwinge auf dem Werktisch befestigen. In das Loch kann nun das Anhängerlaufrad mit dem Schnellverschluss "montiert" werden. Eine zweite Schraubzwinge fixiert ein Holzprofil als "Führung". Damit lässt sich bei Seitenschlägen ganz gut arbeiten, Höhenschläge sind bei den kleinen Laufrädern zum Glück kaum ein Thema.

Wer seinen Anhänger reinigen will, muss vor allem bei den dursichtigen Kunststoffplanen vorsichtig sein: Besonders aggressive Reinigungsmittel können die Materialien angreifen und die Durchsicht unwiederbringlich beinträchtigen.

Den Innenraum des Anhängers von Bröseln, Laub, Sand... freizuhalten, ist eine nahezu unmögliche Aufgabe. Wer den Anhänger allerdings einlagert oder länger nicht benützt, sollte nicht vergessen, gründlich nach Speiseresten Ausschau zu halten... sonst gibt's im Frühjahr eine delikate Überaschung beim ersten Öffnen des Verdecks...Kinder haben bekanntlich großes Talent, Sachen besonders gut zu verstecken...

3.7 Der Pedal-Trailer – Der Anhänger zum Mittreten für die Kinder

3.7.1 Wheeho iGo

Ein alternatives Anhängerkonzept kommt aus den USA: Der Pedal-Trailer, am bekanntesten ist das Produkt iGo des Herstellers Wheeho. Der iGo kombiniert die Funktion des Kinderanhängers mit der Möglichkeit für die Kinder, selbst aktiv in die Pedale zu treten.

Die erste Probefahrt erntete helle Begeisterung bei meiner knapp vier Jahre alten Tochter. Sie war nicht nur eine Anhänger-Veteranin, sondern auch schon aktiv und stolz mit Laufrad und Pedalrad unterwegs. Bis zu diesem Zeitpunkt sind wir allerdings mit dem Anhänger und dem

Spannend ab ca. 3–4 Jahren: Der iGo

Laufrad oder dem Pedalrad **am Anhänger montiert** zu den Radwegen und Parks gefahren, wo sie dann selber fahren durfte.

Ich hatte zu diesem Zeitpunkt noch nicht genug Vertrauen, sie am Eltern-Kind-Tandem auf ihrem eigenen Fahrrad hinter mir im Straßenverkehr zu ziehen. Ich machte mir vor allem wegen ihrer Konzentration und eventueller Müdigkeit auf der abendlichen Heimreise Sorgen.
Im iGo konnte sie strampeln – oder auch nicht. Und sie konnte gemütlich sitzen und war solide angeschnallt. Das selber Mittreten im „Cabrio"-Anhänger machte ihr enormen Spaß, auch das vom Hersteller angekündigte „Mama, stop! I´m pushing you!" – war nach wenigen Metern tatsächlich von hinten zu hören.

„Papaaaaaaaaa, hör auf zu treten, streck jetzt die Füße zur Seite, jetzt trete ich, und wenn es sehr steil bergauf geht, darfst DU wieder. Erst wenn ICH es sage, OK?" –
„OK."
Es folgten 10 stille Sekunden des Vom-Kind-geschoben-Werdens, und das nach abertausenden Kilometern väterlichen Zugtierdaseins. Ein Gefühl der inneren Leere trat ein.
„Papaaaaaaaa, JETZT darfst du wieder." – „Danke."

Der iGO ist sehr solide und durchdacht konstruiert, das Fahrverhalten hervorragend. Was die Fahrtechnik betrifft, kann man die in Kapitel 4 folgenden Hinweise für an der Sattelstütze montierte einspurige Anhänger für den iGo übernehmen. Nur bei extrem engen Kurven und besonders kniffligen Passagen kann er nicht mit der Wendigkeit des Singletrailers mithalten.

Ab Werk ist der iGo klugerweise mit besonders dicken Reifen bestückt. Fährt man mit wenig Druck, ist der iGo – trotz der fehlenden Federung – daher auch durchaus auf Forststraßen und auf moderaten Trails oder Geländefahrten zu verwenden. Bei angepasstem Tempo, versteht sich. Ein vollgefedertes Zugbike empfiehlt sich für solche Anwendungen, es mildert die Schläge die über die Deichsel übertragen werden.

Der dicke Reifen des iGo bietet gute Dämpfungseigenschaften ab Werk, die gebogene Deichsel verhindert die Berührung mit dem Hinterrad beim Überfahren von Geländekuppen.

Ein Sicherheitsaspekt ist allerdings aufgrund der offenen Bauweise – im Vergleich mit geschlossenen, einspurigen Anhängern – zu beachten: Das Kind hat keinen Überrollkäfig, bei einem eventuellen Sturz oder Umkippen des Anhängers ist das Kind nicht besonders gut geschützt.

Auch das Touchieren von Pfosten etc. bei Kurvenfahrten kann gefährlich werden, die Hände des Kindes am Griff bilden die äußersten Punkte des Anhängers. Auch

Sträucher und Äste, die man mit dem Zugfahrrad oder den eigenen Beinen zur Seite schiebt, können hinten am Kind streifen. Hier ist also besonders große Vorsicht und Umsicht geboten.

Für das Kind ist das Tragen einer Schutzbrille vom Hersteller dringend empfohlen. Zurecht: Trotz des an der Deichselstange montierten Mini-Kotflügels ist es nicht auszuschließen, dass kleine Steinchen etc. das Kind erreichen. Wer im Gelände oder auch mal auf nasser Fahrbahn unterwegs ist, sollte diesen Kotflügel im Selbstbau auf jeden Fall deutlich vergrößern. Gott sei Dank gibt es kein Foto vom Gesicht meiner Tochter nach unserer ersten Abfahrt auf einer herbstlich-feuchten Forststraße. So viel sei verraten: Jacke, Hose und Schuhe mussten umgehend in die Waschmaschine...

Die Ausstattung mit Packtaschen und Packnetzen für die Kinder ist sehr praxisnah gelöst. Allerdings ist die Befestigung der Taschen mit Klettverschlüssen nicht für schwere Lasten geeignet.

Nachdem sich am iGo kein Ständer befindet, muss man beim Losfahren oder Abstellen immer eine geeignete „Anlehnhilfe" suchen (Parkbank, Baum, Hauswand, etc.) oder akrobatisch die Deichsel zwischen die Beine klemmen.

Für die Grundmontage am Fahrrad und die Feinabstimmung der Sitzposition des Kindes sollte man sich ausreichend Zeit nehmen. Der Sitz ist verschiebbar, um den Abstand zu den Pedalen perfekt auf die Größe des Kindes anzupassen.

Ein tolles Feature des iGo: die Deichsellänge ist in 3 unterschiedlichen Positionen einstellbar. Dadurch kann man den iGo perfekt und innerhalb von Sekunden an die

Rahmengröße des Zugfahrrads anpassen. Das ist ein riesengroßes Plus, um ein optimales Fahrverhalten zu erreichen.

3.7.2 Der Pedal-Trailer 2-Sitzer – Wheeho Igo2

Eine spannende Möglichkeit, zwei Kinder zu transportieren bietet der 2-Sitzer iGo2: Die Kinder werden hintereinander transportiert und müssen nicht auf engem Raum Schulter an Schulter im Anhänger sitzen.
Dabei kann allerdings nur ein Kind selbst mittreten. Die Fahrstabilität dieses sehr langen Trailers konnte ich bis dato noch nicht testen. Man darf gespannt sein.

3.7.3 Hase „Trets"

Der „Trets" von Hase ist ein sehr hochwertiger, mulitifunktionaler Pedal-Trailer, der zweispurig ausgeführt ist und in weiterer Folge auch zu einem äußerst noblen „Dreirad" umgebaut werden kann. Er wird mit einer Weberkupplung an der Hinterachse des Zugfahrrads montiert und fährt sich daher ähnlich einem zweispurigen Anhänger – mit allen bereits besprochenen Vor- und Nachteilen (höhere Breite, eingeschränkte Fahrdynamik).

Wie beim iGo sitzt das Kind offen wie in einem Cabrio – es gibt hier allerdings ein optionales, faltbares Regenverdeck, das nachgerüstet werden kann. Durch die eingebaute Schaltung kann das Kind im Trets den Tretwiderstand selbst kontrollieren und damit noch besser aktiv mitfahren.

Der Trets kann im Gegensatz zum iGo auch als „Cabrio-Fahrradanhänger" für Kleinkinder verwendet werden: Der Einbau einer Babyhängematte oder eines Sitzverkleinerers ist möglich. Für den reinen Anhängerbetrieb mit kleinen Kindern können die Pedale auch mit einem sogenannten „Footrest" abgedeckt werden. Einen Spritzschutz gegen Nässe und Schmutz, der vom Zugfahrrad aufgewirbelt wird, ist nur beim montierten Verdeck gegeben.

ALTERNATIVE TRANSPORTMÖGLICHKEITEN

3.8 Kindertransport mit Lastenfahrrädern

Einspuriges Lastenrad mit Platz für 2 Kinder und Gepäck

Neben dem Konzept des gezogenen Kinderanhängers existiert – vor allem im urbanen Anwendungsbereich – auch die Variante, Kinder in speziell adaptierten Lastenfahrrädern vor dem Lenker zu transportieren.

Es gibt eine breite Palette hochwertiger Modelle – mit Transportraum für bis zu vier Kinder. Verdecke, Regenschutz, Ständer sind zumeist gut durchdacht ausgeführt und absolut alltagstauglich. Der hohe Preis von Markenrädern macht sich rasch bezahlt. Billig-Lastenräder halten den alltäglichen Belastungen oft nicht lange Stand und anfallende Reparaturen können nicht nur kompliziert, sondern auch sehr kostspielig werden.

Nabendynamo, Topreifen: Beim Zubehör wird im gehobenen Lastenradsegment nicht gespart

Bei der Zusatzausstattung von guten Lastenrädern wird auf hochwertige und nützliche Komponenten gesetzt: Solide Bereifung, wartungsarme Schaltungs- und Bremssysteme sind in diesem Segment der Standard. Auch ein Nabendynamo mitsamt moderner Lichtanlage ist bei solchen Modellen oft fix verbaut. Manche Lastenfahrräder für Kindertransport können auch direkt ab Werk als E-Bike bestellt werden.

Große Unterschiede tun sich beim Sitzkomfort der Kinder auf: Vom spartanischen Holzbrett mit äußerst simplen und nur mäßig funktionellen Gürtchen bis zu aufwendig gearbeiteten Sicherheits-Sitzschalen kann man fast alles finden. Dank der Flexibilität der Systeme kann die Qualität der Sitze durch einen Austausch mit alternativen Fabrikaten relativ leicht modifiziert, erweitert und verbessert werden. Klassisches Beispiel ist die Verwendung eines Maxi-Cosi-Sitzes auf einem optional für Lastenräder erhältlichen Montageadapter.

Konstruktionsbedingt eignen sich diese Lastenfahrräder in erster Linie für den Einsatz auf Straßen und Radwegen. Antrieb, Bremsen und die Ergonomie von Fahrrad und Transportkabine sind nicht für flotte Fahrten abseits der Straße ausgelegt.

Abgesehen von vielen Sonderanfertigungen unterscheidet man prinzipiell zwischen einspurigen und mehrspurigen Modellen.

Einspurige Lastenräder sind etwas wendiger, schmäler und schneller, erfordern aber hohe Aufmerksamkeit im Straßenverkehr und Erfahrung in Sachen Fahrtechnik. Wer mit einspurigen Lastenfahrrädern unterwegs ist, sollte das Fahrverhalten dieser Räder zuerst ohne Kinder, aber mit Zuladung erkunden.
Im Gegensatz zur bereits besprochenen „Latenz" von Radanhängern hat man es hier mit dem gegenteiligen Phänomen zu tun: Das Vorderrad, das man konstruktionsbedingt meist nicht im Blickfeld hat, ist viel früher bei Hindernissen als gewohnt! Ein großes Augenmerk muss auch auf die Positionierung der Zuladung gelegt werden:

Je näher sich das Gewicht an der Mitte des Fahrrads befindet, desto stabiler das Fahrverhalten. Große Lasten, die besonders weit vorne angebracht sind, verschlechtern die Fahrstabilität.

Um ein gutes Fahrverhalten zu ermöglichen, haben Lastenräder zumeist einen sehr tiefen Schwerpunkt und ein besonders tief positioniertes Tretlager. Bei starker Schräglage in Kurven besteht die Gefahr des Aufsitzens mit den Pedalen.

„Tricycles" – also Lastenräder mit drei Rädern – haben ein spezielles und anfangs gewöhnungsbedürftiges Fahrverhalten, gerade was Lenkung und Kurvenfahrten betrifft. Wichtig ist hier die aktive Gewichtsverlagerung des Fahrers und eine erhöhte Aufmerksamkeit bezüglich der Kippgefahr in zu schnell genommenen Kurven. Großer Vorteil: Ein Tricycle kann bei normaler Fahrt und beim Abstellen nicht umkippen – auch bei noch so üppiger Zuladung. Das gilt auch für Fahrten auf glatter Fahrbahn. Mit Spikes ausgestattet bewegt sich ein solches Dreirad souverän auf winterlichen Fahrbahnen.

Die gesamte Qualität des Fahrverhaltens variiert enorm zwischen den verschiedenen Fabrikaten. Preis und Leistung stehen auch bei diesen Rädern in einem direkten Verhältnis: Wer billig kauft, kauft oft teuer. Eine ausgiebige, vergleichende Probefahrt vor dem Kauf sei an dieser Stelle unbedingt empfohlen.

Zweispuriges Lastenrad, Tricycle

Eine wichtige Frage vor der Anschaffung eines Lastenrades ist, gerade im städtischen Bereich, der sichere Parkplatz für das Rad. Durch die außergewöhnlichen Dimensionen ist nicht jeder Innenhof zu erreichen und die meisten Fahrradräume sind nicht für Wendemanöver mit Lastenrädern ausgelegt. Allerdings kann ein gut abgeschlossenes Lastenrad auch nicht so schnell „weggetragen" werden wie ein normales Rad und steht (noch) nicht auf dem Speiseplan des herkömmlichen Fahrraddiebes.

Abgesehen von diesen klassischen, robusten Lasten-radmodellen, gibt es auch Hersteller, die das Konzept Lastenrad mit Funktion und Bauweise von leichten Anhängern und Kinderwagen kombinieren. Besonders flexibel ist das Konzept von Zigo: Das Modell „Leader" ist hochwertig ausgeführt und kann sowohl als Mini-Lastenfahrrad, Standalone-Buggy als auch als gezogener Anhänger mit Deichsel verwendet werden.

Ein sehr spezielles, besonders leichtes Konzept bietet der Hersteller Taga: Dieses Modell ist eine Mischung aus Klapprad und Buggy, man kann sehr rasch zwischen beiden Betriebsmodi wechseln. „Transformers" lassen grüßen...! Das Taga-Bike kann sogar mit einem zusätzlichen Sitz oder einer Holzkiste für den Betrieb mit zwei Kindern erweitert werden.

3.9 Transport im Kindersitz

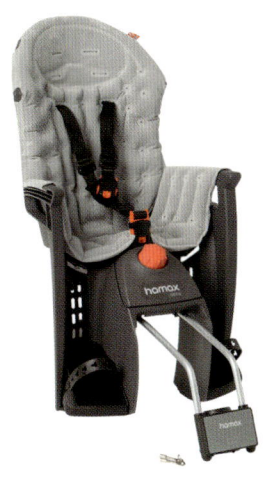 

Links: Moderner Kindersitz von Hamax mit via Drehknopf neigbarer Rückenlehne und luftgepolstertem Sitzbezug

Rechts: Auch die Lehne des Brittax-Römer „Jockey" ist neigbar. Die Seitenstützen bieten guten Halt für kleine Kinder.

Der Kindersitz ist natürlich ein tolles, günstiges und unkompliziertes Transportmittel. Ich habe ihn lange Zeit täglich benutzt, um meine Tochter in den Kindergarten zu bringen, auch im Winter.

Mit Kind am Kindersitz fahre ich allerdings wachsam wie ein Luchs, mit gehörigem Abstand zu allen Autotüren und mit 200 % Konzentration – ein Sturz oder eine Kollision ist eine gefährliche Sache. Alleine beim Umkippen des Fahrrades im Stand würde das Kind quasi schutzlos aufprallen. Die Fallhöhe ist viel größer, als die beim Umkippen eines Anhängers. Ganz abgesehen vom fehlenden Überrollkäfig...

Auch das Thema Schlafen im Kindersitz ist eine heikle Angelegenheit: Es gibt tolle Produkte, die via Verstellmechanismus das Zurückneigen des Sitzes erlauben, wenn das Kind schläft. Diese „Schlafsitze" stellen aber kein Allheilmittel dar: Allzuoft sieht man unstabil wackelnde Köpfchen von schlafenden Kindern am Kindersitz.

Da das Kind am Kindersitz im unmittelbaren Windschatten des Fahrers sitzt, sind auch kurze Fahrten bei Kälte und Wind möglich. Eine Kindersturmhaube tut im

Winter bei heftigen Minusgraden wertvolle Dienste – und der Helm passt auch
gut „drüber" und sitzt fest. Bommelmüt-
zen sind in Hinsicht auf den festen Helm-
sitz erfahrungsgemäß nicht sinnvoll.

Wer jeden Tag gemeinsam unterwegs
ist, gewöhnt sich und sein Kind im Laufe
der Jahreszeiten sukzessiv an die wech-
selnden Temperaturen. Ein guter Regenschutz macht auch Fahrten bei heftigen
Niederschlägen möglich. Diese Regen-
Ponchos werden von den Herstellern von
Kindersitzen als Zubehör angeboten.

Wer längere Strecken mit dem Kindersitz absolvieren
will, ist vor allem im Sommer mit dem Thema Sonne konfrontiert: Kleinkinder sind in dieser Hinsicht bekanntlich
viel empfindlicher als Erwachsene und am Kindersitz
den Sonnenstrahlen sehr ausgesetzt. Ein ausreichender
und komfortabler Schutz ist am Kindersitz nur schwer
möglich.

Der Kindersitz ist für kurze bis mittlellange Strecken sicher eine praktische Sache, allerdings mit größter Vorsicht im Straßenverkehr zu verwenden.
Wer einen alten Sattel mit Sitzfedern besitzt, sollte diesen
austauschen: Es besteht Einklemmgefahr für die Finger
des mitfahrenden Kindes.

Lassen Sie das Kind niemals am Kindersitz alleine sitzen, auch wenn der
Stand des Fahrrads ausreichend scheint.

Noch ein Tipp zur Vermeidung fehlerhafter Montage:
Wer es sicherheitstechnisch besonders gut meint und
einen modernen Kindersitz so tief montiert, dass die
freischwingend konzipierten Montagestreben auf dem
Gepäckträger aufliegen, tut seinem Kind nichts Gutes:
So geht die bewusst konzipierte Federungswirkung der
Aufhängung dieser Kindersitze komplett verloren, und
das Kind bekommt jede Fahrbahnunebenheit zu spüren.

Richtig montiert: Die flexible Schwinge des Sitzes schwebt einige Zentimeter über dem Gepäckträger

3.10 Innovationen – Prototypen

In regelmäßigen Abständen tauchen am Anhängersektor neue Produktideen und Prototypen auf. Sicherheitsaspekte und hohe Produktionskosten haben schon manche dieser Studien leider wieder in den Schubladen der Hersteller verschwinden lassen.

Ein Projekt, das zu Redaktionsschluss im März 2014 noch nicht im Handel erhältlich war, aber laut Hersteller kurz vor der Serienreife und Auslieferung stand, verdient es, hier gesondert erwähnt zu werden: Der LOOPS XL von Tout Terrain stellt ein grundsätzliches Neudesign des Kinderfahrradanhängers dar.

Beim LoopsXL sitzen die Kinder einander gegenüber! Ein interessanter Prototyp von Toutterrain.

Ein zweispuriger Zweisitzer mit Achskupplung, bei dem die Kinder gegenüber sitzen. Das verlängert zwar den Anhänger, der Freiraum und Platz für zwei zusammen reisende Kinder ist aber größer als bei nebeneinander sitzenden Kindern. Außerdem können die Kinder vis-á-vis besser kommunizieren. Darüberhinaus wird es möglich sein, beide Sitze unabhängig voneinander in einer Sitz- und einer Liegeposition zu verwenden.

Der Anhänger ist sehr gut gefedert und besticht durch sein futuristisches Design. Besonderer Pluspunkt: Zusätzlich zur Hand-Festellbremse verfügt der Loops über eine Auflaufbremse, wie man es aus dem KFZ-Bereich kennt. Dies erhöht die Fahrsicherheit beim Bergabfahren enorm. Man darf sehr gespannt sein, wie sich der Loops XL in der Praxis fährt. Den Kindern wird er bestimmt gefallen... endlich gibts Magnet-Brettspiele im Anhänger!

4. Das Zugfahrrad

Enorm wichtig für das gute und sichere Vorankommen mit Kinderanhängern ist das den jeweiligen Bedürfnissen entsprechend ausgerüstete Zugfahrrad.

4.1 Anhängertaugliche Ausstattung

Abgesehen von individuellen Vorlieben, Anhängertyp und Anwendungskriterien, sollten einige grundsätzliche Austattungsmerkmale auf alle Fälle als selbstverständlich vorausgesetzt werden:

4.1.1 Gute, bestens gewartete Bremsen

Bestens gewartete Bremsen sind ein Muss für das Ziehen eines Kinderanhängers. Erst wenn man den Schub von 50 kg, also einem Anhänger mit zwei Kindern und normalem Gepäck, von hinten bei einem Bremsmanöver bergab erlebt hat, weiß man, was einen da erwartet. Im normalen Fahrbetrieb hat man kaum eine Vorstellung von den bei einer Notbremsung auftretenden Kräften.

Fit für den Anhänger: Scheibenbremsen, pannensichere Touring-Reifen mit genügend Profil und Reflektorstreifen, Nabendynamo

Optimal sind Scheibenbremsen mit möglichst großem Durchmesser. Scheibenbremsen greifen bei Nässe und kalten Temperaturen ungleich effektiver als Felgenbremsen und sind daher dringend zu empfehlen.

Felgenbremsen zeigen vor allem bei Nässe eine schlechte Bremsleistung. Mit diesen Bremsen ist man bei Regen mitunter nicht in der Lage, einen Anhänger auf sehr steilen Abfahrten ausreichend zu kontrollieren.

Wer mit Anhänger unterwegs ist, sollte auch bedenken, dass die Bremsbeläge des Fahrrads deutlich rascher verschleißen. Häufigere Wartungsintervalle sind also angebracht.

4.1.2 Ausreichend dimensionierte Bereifung mit gutem Grip und hohem Pannenschutz

Die Wahl der Reifen und des Reifenprofils ist natürlich abhängig von persönlichen Vorlieben und den befahrenen Routen. Aber auch auf scheinbar einfachem Terrain werden die Anforderungen durch den Anhänger neu definiert, gerade was den Grip des Vorderreifens betrifft: Ein sehr starkes Bremsmanöver auf einer steil abschüssigen Forststraße – und der Schub des Anhängers „schiebt" einen zu wenig profilierten Vorderreifen bei einem starken Bremsmanöver einfach weg! Beim Fahren ohne Anhänger eigentlich kaum denkbar, MIT Anhänger durchaus möglich.

Auch auf einer feuchten oder mit Blättern verunreinigten Asphaltstraße kann der Vorderreifen bei so einem starken Bremsmanöver ins Rutschen kommen. Ein zumindest leicht profilierter Reifen bietet deutlich mehr Reserven als ein stark abgenutzter oder wenig anhängertauglicher Pneu. Ich empfehle also auch Normalfahrern dringend, auf hochqualitative, profilierte, mindestens mittelbreite Reifen zu setzen. Touring-Allrounder á la Schwalbe Marathon / Mondial etc. bieten da eine breite Palette an Modellen für den täglichen Einsatz. Dabei muss man trotz

Der „Extreme", ein Top-reifen aus der Marathonserie von Schwalbe: Hoher Pannenschutz, sehr gut bei Nässe, ausreichend profiliert für Forststraßen. Trotzdem guter Leichtlauf, wenig Gewicht und sehr gutes Abrollverhalten.

der eingebauten Sicherheitsfeatures nicht auf gute Abrolleigenschaften verzichten.

Wer häufig Forstwege oder Schotterwege als Route wählt, sollte sich ohnehin in der Ecke der robusten MTB-Reifen umsehen. Es gibt aber auch interessante Zwischenmodelle aus dem Extrem-Touring-Bereich, die sich bei uns im täglichen Einsatz sehr bewährt haben. Solche Reifen rollen hervorragend auf Asphalt und lassen einen auch auf losem Untergrund oder nassen Fahrbahnen nicht im Stich.

Ein sehr wichtiger Aspekt, unabhängig vom Fahrstil, ist die Pannensicherheit. Wer mit Kleinkindern unterwegs ist, kann auf seinen Ausfahrten durchaus auf einen „Platten" verzichten! Die paar Gramm mehr, die bei Modellen mit hohem Pannenschutz anfallen, spielen ohnehin keine Rolle mehr in Anbetracht des mitgezogenen Anhängergewichts! Vor allem bei MTB-Reifen wird dieses Kriterium bei der Reifenwahl oft ausgeklammert. Ein leichter MTB-Reifen mit noch so klobigen Stollen hat Dornen oder Scherben oft wenig entgegenzusetzen.

Durch das auf dem Hinterrad lastende Gewicht des Anhängers samt Kind ist auch das Risiko eines Durchschlags am Hinterrad beim Überfahren von scharfen Steinen oder Kanten deutlich höher als ohne Anhänger, weil auch bei bester Fahrtechnik das Hinterrad nicht in gewohnter Weise entlastet werden kann.
Abgesehen von einem hoch genug gewählten Luftdruck und umsichtiger Fahrweise helfen hier auch Reifen mit speziellem Mantelaufbau, die vor Durchschlägen schützen.

Spikes sei Dank: Rodelausflug mit dem Anhänger bei Neuschnee und −4° C

Im Winter empfiehlt sich die Verwendung von Spikes-Reifen. Die Wintermodelle der Markenhersteller sind sehr ausgereift und funktionieren hervorragend – Anhänger ziehen im Schnee ist durchaus möglich! Auch bergauf! Sogar die Rodel hat herrlich Platz am Heck des Anhängers.

Ein breiter Lenker verhilft
zu einem sicheren und
stabilen Fahrverhalten

4.1.3 Der Lenker

Je breiter der Lenker, desto höher die Fahrstabilität und desto höher die Reserven bei unverhofft notwendigen Fahr- oder Bremsmanövern.

Ein Austausch gegen ein breiteres Modell kostet nur wenig Geld und verbessert die Fahrsicherheit enorm. Der elegant geschwungene und superschmale Lenker von Omas Dreigangrad aus den siebziger-Jahren des vergangenen Jahrtausends sollte definitiv nicht zum Ziehen von Kinderanhängern strapaziert werden.

4.1.4 Eine gute, verlässliche Schaltung mit großzügiger Übersetzung

Die erste Steigung mit Anhänger wird das Thema Bergauffahren neu definieren. Mit einer guten Schaltung und einer großzügigen Übersetzung bei den kleinen Gängen ist man aber gleich deutlich entspannter unterwegs.

Der Austausch des Ritzelpakets bei Kettenschaltungen gegen ein Modell mit leichteren Berggängen kostet nicht viel, ist schnell durchgeführt, spart aber mitunter Ärger und macht das Bergauffahren erheblich leichter! Das „alte" Ritzelpaket ist nicht verloren, sondern kann nach den Anhängerjahren wieder „in alter Frische" montiert werden. 28 Zähne vorne und 34 hinten am Trekkingbike oder 26:34 am MTB sind großzügige Varianten, die vielen Anstiegen ihren Schrecken nehmen.

Das Thema Wartung wird gerade beim Antrieb häufig unterschätzt: Wenn die Schaltung nicht einwandfrei funktioniert und die Kette springt, wird die Fahrt mit dem Kinderanhänger zur Qual.

4.1.5 Ein stabiler Rahmen und Gabel

Ein stabiler Rahmen ist die Grundvoraussetzung für ein gutes und sicheres Fahrgefühl mit dem Kinderanhänger. Modelle mit Federung stabilisieren das Anhänger-Zugfahrradgespann deutlich und reduzieren zudem die vom Zugfahrrad auf die Deichsel und den Anhänger übertragenen Erschütterungen spürbar.

Vor allem beim Singletrailer variiert das Fahrverhalten stark bei verschiedenen Rahmenmodellen. In Verbindung mit den dünnen Stahlrahmen von Retro-Mountainbikes tendierte das Gespann bei höheren Geschwindigkeiten bei mir eher zum Schwingen und Pendeln, während dickwandige Alu- und Carbonrahmen, auch Hardtails ohne Federung und mit Starrgabel, gute bis sehr gute Resultate ohne diese unerwünschten Nebeneffekte lieferten. Eine tiefere Positionierung der Deichsel an der Sattelstütze kann hier zwar Linderung bringen, die Ursache liegt aber zumeist an der Elastizität der Rahmen selbst.
Die besten Erfahrungen machte ich mit vollgefederten Mountainbikes – vor allem Rahmen mit massiven 4-Punkt-Schwingen und viel Federweg harmonierten perfekt mit dem Anhänger. Es scheint, dass hier auch der Negativfederweg eine stabilisierende Wirkung hat. Aber auch Leichtbaufullies funktionierten sehr gut, erst der direkte Vergleich mit den schweren Modellen zeigte auf, was noch an Fahrsicherheit möglich ist.

Die Federgabel an der Front ist generell für ein positives Fahrverhalten stark ausschlaggebend, egal ob man mit einspurigen oder zweispurigen Anhängern unterwegs ist. Eine dicke Gabel mit reichlich Gewicht und Federweg stabilisiert am besten, aber auch leichte Modelle à la Lefty oder Headshock haben sich in der Praxis bestens bewährt. Eine hochwertige Federung des Hinterrads wirkt sich positiv auf das Fahrverhalten mit allen Anhängermodellen aus.

Allerdings profitieren nur an der Sattelstütze angekoppelte Modelle von der Dämpfungswirkung der Hinterradfederung. Hier werden Bodenunebenheiten nur minimal auf die Deichsel übertragen.

An der Hinterachse montierte Deichseln bekommen die Schläge des Hinterrads ungefiltert weitergereicht. Sie profitieren aber sehr wohl von einer Federgabel vorne.

4.1.6 Der Ständer – ratsam beim Ziehen von zweispurigen Anhängern

Wer einen zweispurigen Anhänger zieht, braucht fast zwangsläufig einen Ständer für das Zugfahrrad, sonst muss man das Fahrrad beim Abstellen des Anhängers auf den Boden legen und belastet so unnötig die Deichsel oder die Elastomere der Kupplung. Mit manchen Deichseln ist das auf den Boden legen des Fahrrads gar nicht möglich. Abhilfe bieten gegebenenfalls natürlich ein Baum oder eine Hauswand zum Anlehnen.

Beim Singletrailer ist kein Ständer am Fahrrad notwendig, der Singletrailer fungiert auch als Ständer für das Zugfahrrad. Wer doch einen Seitenständer an seinem Rad hat, sollte beim Ankuppeln acht geben: Wer den Singletrailer ankuppelt und den Schnellspanner schließt, während das Fahrrad leicht schräg am eigenen Ständer steht, fixiert den Singletrailer leicht geneigt! Wenn man dann losfährt ist der Anhänger also etwas nach rechts geneigt! Das Kind sitzt also leicht schräg. Kein Weltuntergang, aber einfach zu vermeiden: Zuerst Singletrailer ankuppeln, dann den Ständer des Zugfahrrads hochklappen, Zugfahrrad gerade stellen und dann erst den Schnellspanner der Anhängerdeichsel bei der Kupplung festziehen.

4.1.7 Die Pedale

Hochwertige Pedale erhöhen den Fahrspaß enorm, Kraftübertragung und Abrutschfestigkeit sind die Hauptaugenmerke. Für Einsätze am Leistungs- und Fahrtechniklimit empfehlen sich natürlich Click-Pedale, gerade wenn man schwierige Steigungen mit dem Anhänger meistern möchte.

Aber auch mit hochwertigen Flatpedals mit Pins sind Grip und Kraftübertragung sehr gut, gerade bei Regen und Nässe.

Flatpedals bieten sportlichen Fahrern auch im Alltag guten Grip.

Es empfiehlt sich allerdings, von Modellen mit allzu langen und spitzen „Spikes" abzusehen, damit sich die Kinder daran nicht verletzen können, wenn das Rad gerade geparkt ist.

Nach langjähriger Verwendung von Click-Pedalen sattelte ich bei normalen Alltags- und Freizeitausfahrten mit den Kindern rasch auf Flatpedals und Trekkingschuhe um. Die Kinder auf das Klettergerüst oder auf den Baum zu verfolgen, erwies sich ohne Pedalplatten an den Füßen als deutlich einfacher.

4.1.8 Die Klingel

Wer im Straßenverkehr mit dem Rad unterwegs ist, muss oft auf sich aufmerksam machen. Gerade wenn man auf schmalen Radwegen und Wanderrouten fährt und das Gespann deutlich breiter ist als ein normales Fahrrad. Die Klingel ist ein eindeutiges und durchaus freundliches Mittel um sich als Radfahrer bemerkbar zu machen.

4.1.9 Die Sattelstütze

Eine massive Sattelstütze ist Voraussetzung für die Montage von Anhängern wie dem Singletrailer oder dem iGo. Hände weg von Leichtbaustützen oder Modellen aus Carbon.

Bei versenkbaren MTB-Sattelstützen kann es durch den Druck der Deichselaufnahme zu Problemen mit dem Versenkmechanismus kommen. Hier ist Vorsicht geboten, die Stütze nicht zu beschädigen.

4.2 Das E-Bike / Pedelec

Die rasanten Entwicklungen, die sich in den letzten Jahren am E-Bike-Sektor vollzogen haben, kommen auch den Ziehern von Kinderanhängern zugute: Auch weniger trainierte Radfahrer oder Radfahrer mit geringem Körpergewicht können so mit den Kindern im Schlepptau längere Strecken und größere Steigungen bewältigen.

★ Trekking-E-Bike mit Scheibenbremsen, pannensicheren Reifen, Nabendynamo
★ Burley D´lite (2 Kinder)
★ Backrollers

Die Palette der angebotenen Modelle ist breit gefächert und reicht von STVO-tauglichen Trekkingrädern bis zu vollgefederten Mountainbikes. Aufgrund des höheren Eigengewichts sind die meisten E-Bikes sehr solide gebaut und damit ab Werk bereits anhängertauglich.

Der Antrieb des E-Bikes kann allerdings nur als Unterstützung wirken, gerade bei heftigen Steigungen stößt er, je nach Modell unterschiedlich, bei starker Belastung irgendwann auch an seine Grenzen!

Die Kombination Hinterrad-Nabenmotor / Anhänger mit Achskupplung ist nicht bei jedem Modell möglich. Bei Hinterradnabenmotoren sitzt ja oft genau an dieser Stelle der Sensor, der die Tretkräfte analysiert.
Hier ist darauf zu achten, das vorgeschriebene Drehmoment für die Muttern an der Hinterradachse nach Montage der Anhängerkupplung wieder korrekt einzuhalten. Wer bei seinem E-Bike eine fixe Ständeraufnahme an der Hinterstrebe hat, kann diese Problematik durch einen speziellen Adapter von Weber umgehen (siehe 3.4.8).

Die Montage des Singletrailers oder IGos an der Sattelstütze eines E-Bikes ist im Normalfall völlig unproblematisch und der Betrieb ebenfalls.

„Weißt du, daaaaas ist ein Akku. Wenn meine Mama keine Kraft mehr hat, dann hilft ihr der Akku."
So issses. Und es macht Spaß.

★ MTB-E-Bike, 2,25er Marathon Extreme Reifen für Pannenschutz und genug Grip auf Forststraßen und im leichten Gelände, Scheibenbremsen, Federgabel
★ Singletrailer (1 Kind)
★ Rucksack

131

★ Modernes Rennrad mit breitem Lenker
★ ThuleChariot CX2 (2 Kinder), rennrad-spezifische Fahrstabilität durch Achskupplung
★ Satteltasche

4.3 Das Rennrad

Wer seinen Kinderanhänger mit dem Rennrad ziehen will, sollte seine Geschwindigkeit und seinen Fahrstil der Konstruktionsweise und den Eigenheiten des Rennrads anpassen: Die beim Fahren mit Anhänger auftretenden Kräfte, die relativ geringe Fahrstabilität am Rennradrahmen und der schmale Lenker geben nicht dieselbe Sicherheit, um einen beladenen Kinderanhänger in einer Extremsituation ausreichend kontrollieren zu können, wie sie zum Beispiel ein modernes Mountainbike bietet.

Grundsätzlich funktioniert das Rennrad natürlich als Zugmaschine. Aber unter Vorbehalt. Es geht dabei nicht nur um die offensichtliche Problematik der Vollbremsung. Auch die durch den Anhänger und das Fahren auftretenden Kräfte, die auf den Hinterbau wirken, können einen besonders dünnwandigen Stahlrahmen mit filigranen Lötstellen auf Dauer durchaus auf die Probe stellen (Wiegetritt!).

Das gilt vor allem bei der Montage von einspurigen Anhängern an der Sattelstütze. Zweispurige Modelle mit Achskupplung bieten ein deutlich stabileres Fahrverhalten am Rennrad, bergen jedoch die Gefahr des Umkippens bei zu hohen Kurvengeschwindigkeiten.

Wer mit dem Rennrad einen Anhänger ziehen möchte, sollte sich für ein modernes Rad mit stabilem Rahmen entscheiden und von Leichtbauteilen generell Abstand nehmen. Es gibt mittlerweile bereits Rennräder mit Scheibenbremsen und auch etwas breiter ausgeführte Rennlenker sind erhältlich. Ein Dreifach-Kettenblatt an der Kurbel ist mit Anhänger eine kluge Wahl und kein Zeichen von Schwäche...

Das immer mehr in Mode kommende Segment der Cross-Bikes stellt eine interessante Alternative für all jene dar, die auch mit Anhänger nicht gänzlich aufs Rennrad-Feeling verzichten wollen.

In Österreich waren Rennräder bis 2013 per Gesetz als Zugfahrrad für Anhänger verboten, dieses Verbot wurde mittlerweile aufgehoben.

4.4 Das Mountainbike

Mountainbikes eignen sich grundsätzlich hervorragend zum Ziehen von Kinderanhängern. Auch im Alltag bieten sie hohe Fahrstabilität und ein besonders gutes Fahrverhalten mit Anhängern. Sie sind robust gebaut und haben meist sehr gute Bremssysteme. Dass Mountainbikes ab Werk nicht STVO-tauglich ausgestattet sind, dürfte allgemein bekannt sein.

Ein Nachrüsten mit Beleuchtung und Schutzblechen ist aber durchaus möglich und kann eine kluge Alternative zu fertig konfigurierten City- oder Urbanbikes darstellen.

Wer mit dem Mountainbike und dem Anhänger anspruchsvolle Touren abseits der Straße in Angriff nehmen möchte, sollte folgende Punkte beherzigen:

1. Ein massiver, vollgefederter Rahmen und eine gute Federgabel verbessern das Fahrverhalten enorm. 100–140 mm Federweg hinten sind eine gute Ausgangsbasis, massiv gebaute All-Mountain-Modelle liefern hervorragende Fahrstabilität. Auch Carbonrahmen stellen technisch kein Problem dar, sofern es sich nicht um ausgesprochene Leichtbaumodelle handelt und die Sattelstütze weit genug im Rahmen versenkt ist.

2. Gute Federgabeln ab 100 mm Federweg sind o.k., eine „schwere" Federgabel mit Federweg ab 130 mm verbessert die Fahrsicherheit mit Anhänger bergab und hilft auch gegen das Aufsteigen des Vorderrads bei steilen Uphills.

3. Vermeiden Sie generell Leichtbauteile, vor allem bei Sattelstütze und Laufrädern. Carbonstützen sind bei Deichselmontage an der Sattelstütze absolut tabu.

4. Versenkbare Sattelstützen sind nur mit Vorbehalt mit einer an der Sattelstütze montierten Deichsel (Singletrailer, IGo) zu kombinieren. Die Funktion der Stütze ist aufgrund der Klemmung oftmals nicht mehr einwandfrei gewährleistet. Auch eine Beschädigung der Stütze ist möglich.

5. Achten Sie bei den Reifen auf ausreichendes Profil und Seitenhalt. 2,25" sind das Mindestmaßw, 2,4" Breite haben sich in der Praxis bestens bewährt. Wählen Sie Modelle mit gutem Pannen- und besonders gutem Durchschlagschutz – das Hinterrad kann beim Überfahren von Hindernissen nicht im gewohnten Ausmaß entlastet werden, da auch die Anhängerdeichsel auf das Hinterrad drückt.

6. Auch bei den Schläuchen sollte man auf extraleichte Modelle verzichten, um gegen Durchschläge gut

gewappnet zu sein. Wer sein Mountainbike auf diese Weise pannensicher ausstattet, kann den Reifendruck mit gutem Gewissen niedrig halten und so von zusätzlichem Grip und Dämpfung profitieren.

7. Je breiter der Lenker, desto höher die Fahrstabilität, gerade beim Bremsen. Wer mit seinem Retro-Bike aus den 1980ern oder 1990ern auf die Piste geht, sollte zumindest den Lenker gegen ein breiteres Modell tauschen.

8. Scheibenbremsen sind ein Muss, je größer die Scheibe, desto besser. 200 mm vorne und hinten sind eine gute Wahl für lange und schwierige Abfahrten.

9. Hochwertige Laufräder erhöhen die Betriebssicherheit.

10. Wer mit Kindern im Anhänger unterwegs ist, darf auch auf einem Highend-Mountainbike Taschen, Akkulichter, einen zweiten Trinkflaschenhalter und eine Klingel montieren, ohne ausgelacht zu werden!

★ Fahrstabiles All-mountain-Fully mit 160 mmF/150 mmR Federweg, super-breitem Lenker, 2,4" Reifen und hochwertiger und robuster Ausstattung
★ Singletrailer (1 Kind)
★ Rucksack

4.5 Trekking-, City-, Touringbikes

Dank meist vollständiger STVO-Ausrüstung sind diese Fahrradtypen für den alltäglichen Einsatz mit Kindern gut geeignet. Die aufrechte Sitzposition vieler City- und Touringmodelle versüßt auch weniger sportlich orientierten Eltern das Radfahren mit ihren Sprösslingen.

> Wenn auf Ihrem Trekkingbike ein besonders schmaler Lenker verbaut ist, sollte dieser für den Betrieb mit Anhänger umgehend gegen ein breiteres Modell ausgetauscht werden.

Ein modernes, alltagstaugliches Allroundfahrrad kann aber auch durchaus sportlicher Natur sein, auf viele Namen hören...

...und Papa, Kind und Notebook hochelegant durch den Großstadtdschungel begleiten:

★ Urban-Bike mit Nabendynamo, Scheibenbremsen, Faltschloss
★ Singletrailer (1 Kind)
★ Backrollers

...oder Papa und 2 Kindern auf einer Radreise treue Dienste leisten:

★ Touring-Bike
  mit Headshok-
  Federgabel, Naben-
  dynamo, Scheiben-
  bremsen, profilierte
  Marahton Extreme
  2.00" Reifen auch für
  rauhe Pisten, Falt-
  schloss
★ ThuleChariot CX2
  (2 Kinder)
★ Backrollers, Front-
  rollers, wasserdichte
  Packtasche auf dem
  Gepäcksträger, Len-
  kertasche

...oder Papa und 3 Kinder bei jedem Hundewetter in den Kindergarten bringen:

★ City-Bike mit Naben-
  dynamo, Faltschloss
★ Burley Cub mit fester
  Bodenwanne und Kin-
  dersitz (2+1 Kinder)
★ Lenkertasche

137

4.6 Zubehör für das Zugfahrrad

4.6.1 Gepäckträger und Packtaschen

Gepäckträger und Packtaschen sind eine tolle Möglichkeit, sein Ladevolumen zu vergrößern, ohne das gesamte Gewicht am Rücken tragen zu müssen. Egal ob im Alltag oder auf der großen Tour, es ist ein gutes Gefühl sich auf strapazierfähige und wasserfeste Taschen verlassen zu können.

Lenkertaschen funktionieren mit allen Anhängern und nahezu allen Fahrradtypen. Auch wenn sie oft als unschick empfunden werden, man bekommt sie auch problemlos auf Fahrrädern mit exotischen Rahmen und Gabeln. Der Zugriff auf wichtige Utensilien ist unüberboten schnell.

Wer einen Lowrider an seiner Gabel montieren kann und Taschen am Vorderrad verwendet, profitiert beim steilen Bergauffahren von der Gewichtsverlagerung nach vorne, das Rad steigt weniger leicht auf. Auch auf voll beladenen Reiserädern oder beim Fahren mit Kindersitz ist die Gewichtsverteilung nach vorne sehr vorteilhaft.

Taschen auf der Oberseite des Gepäckstragers sind nur mit Anhängern mit Achskupplung, nicht aber bei an der Sattelstütze montierten Modellen und logischerweise nicht mit Kindersitzen zu verwenden.

Seitentaschen am Gepäcksträger funktionieren mit allen uns bekannten Anhängern und bieten auch bei sehr schwerer Zuladung ein hervorragendes Fahrverhalten. Sie sind allerdings nicht mit Kindersitzen kompatibel!

Vorsicht bei Singletrailer und iGo: Am Heck montierte Seitentaschen dürfen bei Anhängern mit Sattelstützenmontage nicht über die Gepäckträgerhöhe aufgefüllt werden: bei einer Kurvenfahrt kann die Deichsel an den zu hoch befüllten Taschen hängenbleiben.
Wer einen an der Sattelstütze montierten Anhänger benutzt, sollte beim Lösen des Anhängerständers auf seine Finger an der Deichsel aufpassen: Bei sehr hoch

gebauten oder besonders hoch ausgeführten Heckgepäckträgern am Zugfahrrad kann man sich hier unter Umständen einklemmen. Und zwar genau an der Stelle, wo man zumeist die Hand hat, um den Anhänger beim Lösen des Ständers zu stützen.

4.6.2 Nabendynamo

Wer viel bei schlechten Lichtverhältnissen unterwegs ist, sollte unbedingt einen Nabendynamo ins Auge fassen. Moderne Scheinwerfer erhöhen die eigene Sichtbarkeit auch bei Tag – gerade bei widrigen Bedingungen wie Nebel, Regen, etc.

4.6.3 USB-Ladegerät

Praktischer als man denkt... das vom Nabendynamo gespeiste USB-Ladegerät. Im Fall der Fälle können viele essentielle Gerätschaften unterwegs aufgeladen werden: das Akku-Licht, das Mobiltelefon, ...

4.6.4 Verlängerung für den hinteren Kotflügel

Eine Gummi-Verlängerung für den hinteren Kotflügel verringert die Wassermenge, die bei Regenfahrten auf den Anhänger geschleudert wird.

5. Fahrtechnik mit Kinderanhängern

Das Fahren mit Kinderanhänger stellt zahlreiche neue Anforderungen an den Fahrstil des Radfahrers. Alles keine Hexerei – dennoch ist es sehr ratsam, sich damit VOR der ersten Ausfahrt mit Kind zu beschäftigen.

5.0 Testfahrt mit Probeladung

Nicht nur ich, auch viele Hersteller raten dazu, den Kinderanhänger das erste Mal mit „Dummieladung" probezufahren, um das neue Gespann kennenzulernen. Am besten nimmt man dazu einen großen Trekkingrucksack, erledigt damit den Wochenend-Einkauf und stellt ebendiesen dann voll befüllt auf die Sitzbank des Anhängers.

Wichtig ist dabei, diese Ladung – wie ein Kind – gut im Anhänger festzuschnallen und gegen Verrutschen zu sichern. Sonst kann dieser eigentlich zur Sicherheit durchgeführte Test in der ersten starken Kurve unangenehm für den Fahrer werden, wenn die unbefestigte Ladung auf eine Seite fällt und der Ruck auf das Zugfahrrad übertragen wird.

Wichtig ist, die Ladung AUF dem Sitz zu positionieren, um den hohen Schwerpunkt des Kindes optimal zu simulieren. Hanteln am Anhängerboden VERBESSERN den Schwerpunkt und damit auch das Fahrverhalten und sind für solche Versuche nutzlos!

5.1 Fahren auf Sicht hoch zwei

Der Bremsweg mit Kinderanhänger ist signifikant länger. Man kann diese Tatsache nicht oft genug wiederholen. Wer diesen Schub von hinten bei einer starken Bremsung noch nicht selbst gespürt hat, lächelt an dieser Stelle; wer ihn aber schon einmal am eigenen Rad erlebt hat, weiß wovon die Rede ist. Gerade bergab muss man sich dessen permanent bewusst sein und seine Geschwindigkeit anpassen.

Das Wegrutschen des beim Bremsen blockierenden Vorderrades ist ein Phänomen, das beim Radfahren ohne Anhänger kaum zu erwarten ist. Beim Fahren mit Anhänger kann diese Gefahrensituation bei hohen Geschwindigkeiten und starkem Gefälle aber durchaus eintreten und auch erfahrene Radfahrer überraschen. Vor allem auf unbefestigten oder nassen Wegen. Auch ein Ausbrechen des Anhängers ist theoretisch möglich.

5.2 Rasches Ausweichen

Während man alleine einem plötzlich auftauchenden Hindernis mit dem Fahrrad mitunter noch akrobatisch ausweichen kann, ist man mit dem Anhänger in seiner Fahrspur ziemlich gefangen. Abrupte Richtungsänderungen und Ausweichmanöver bei hohen Geschwindigkeiten sollten beim Fahren mit Anhänger weitgehend vermieden werden. Es besteht die Gefahr, dass der Anhänger und das Gespann außer Kontrolle geraten. Dringend gewarnt sei auch vor dem „Schneiden" von Kurven. Kommt einem auf einer unübersichtlichen Serpentinenstraße plötzlich ein Fahrzeug entgegen, kann man mit dem Rad zwar noch schnell ausweichen, bis der Anhänger allerdings dieser Spur gefolgt ist, können entscheidende Sekunden verstrichen sein.

5.3 Fahrbahnunebenheiten

Fahren auf Sicht bezieht sich auch auf das rechtzeitige Erkennen von Fahrbahnunebenheiten wie Schlaglöcher, Querrillen etc. Während man selbst locker aus dem Sattel geht und die Schläge so aktiv abfedern kann, ist das Kind – trotz bester Federung – diesen Unebenheiten in abgeschwächter Form ausgesetzt. Hier gilt es, die Fahrbahn genau zu analysieren, die Geschwindigkeit konsequent anzupassen und den Hindernissen soweit wie möglich auszuweichen.

Wer einspurig mit dem Singletrailer unterwegs ist, hat es leichter: Die Fahrspur des Zugfahrrads entspricht weitgehend der des Anhängers. Wer hier einem Schlagloch ausweicht, wählt diese Fahrspur – mit minimalen Abweichungen – auch für den Anhänger.

Mit zweispurigen Anhängern ist die Sache nicht so einfach, man muss bei größeren Hindernissen immer an die beiden, nicht dem Zugfahrrad ensprechenden, Anhängerspuren denken. Einem Schlagloch auszuweichen, heißt also, oft selber mittendurch zu fahren... Da durch die Deichsel Erschütterungen auf den Anhänger übertragen werden, sollte man auch mit dem Zugfahrrad umsichtig fahren.

Eine Federgabel an der Front mindert die Schläge schon einmal enorm – auch die, die an den Anhänger weitergegeben werden. Auch ein groß dimensionierter Hinterreifen mit niedrigem Luftdruck leistet gute Arbeit: Vor der Abfahrt über die Forststraße kann man also guten Gewissens etwas Druck ablassen... Eine etwaige Hinterradfederung hat keine positive Auswirkung bei zweispurigen Anhängern, da die Deichsel ja direkt auf der Achse montiert ist.

Anders beim Singletrailer: Das Kind im Anhänger profitiert hier auch zu 100 % von der Arbeit der Hinterradfederung des Zugfahrrades, da die Deichsel an der Sattelstütze befestigt ist.

Werden besonders große Hindernisse – auch mit extrem reduzierter Geschwindigkeit – überwunden, sollte man das Kind auf jeden Fall durch Zuruf darüber informieren... Das überqueren von Baumstämmen oder das Bewältigen von Stufen kann auf diese Weise durchaus unterhaltsam für alle Beteiligten werden!

Bodenschweller zur Temporeduktion sollten mit dem Kinderanhänger nicht mit hoher Geschwindigkeit überfahren werden. Diese Art von Hindernis ist im Anhänger viel stärker spürbar als auf dem Fahrrad und wird oftmals unterschätzt.

5.4 Kippgefahr bei zweispurigen Anhängern

Um einen Anhänger zum Kippen zu bringen, müssen schon einige unglückliche Umstände und Fahr- oder Beladungsfehler zusammentreffen. Ich möchte hier keine Panikmache betreiben, dennoch sollte man einige Ratschläge unbedingt beachten.

Bei zweispurigen Anhängern besteht in extrem schnell gefahrenen Kurven und bei Schrägfahrten Kippgefahr. Ein zu hoher Schwerpunkt des Anhängers, zum Beispiel durch übermäßige Beladung am Dach des Anhängers oder auf dem Schiebegriff, erhöht diese Gefahr. Laden Sie immer so tief wie möglich, gerade wenn sehr schwere Gegenstände mitgeführt werden! Ein sicheres Festzurren solcher Ladungen, wie Laufräder, Roller etc. ist unbedingt notwendig. Passen Sie Ihre Kurvengeschwindigkeit immer der Zuladung und den Fahrbahneigenschaften an. Besonders tückisch sind Situationen, in denen eine Seite des Anhängers vor der anderen über eine Bordsteinkante rollt – und das trotz Geradeausfahrt des Zugfahrrades.

Links: Falsch! Zu hoch positionierte Zuladung, zeitversetztes Überfahren der Schwelle.

Rechts: Richtig! Niedrig positionierte Zuladung, paralleles Überfahren der Schwelle.

143

Oft sind solche Gefahrenstellen bei Übergängen vom Fahrradweg zur Straße anzutreffen, wenn an Bordsteinkanten schräg verlaufende Rampen betoniert werden. Wenn man alleine mit dem Fahrrad unterwegs ist, absolut kein Problem. Daher sind solche Stellen mit dem Anhänger umso gefährlicher, weil man möglicherweise gar nicht an die lauernde Gefahr denkt und in alter Gewohntheit zu schnell unterwegs ist. Dasselbe gilt natürlich auch beim einseitigen Überfahren von Hindernissen, also wenn beispielweise nur ein Rad des Anhängers über einen Baumstumpf am Wegrand rollt.

Aufgrund der größeren Spurbreite sind bei den zweispurigen Anhängern Zweisitzer deutlich weniger kippanfällig als die schmäleren Einsitzer – und daher im Einsatz am Fahrrad sicherer.
Wenn möglich sollte ein einzelnes Kind, das im Zweisitzer transportiert wird, dann auch in der Mitte des Anhängers sitzen.

Ein interessanter „Elchtest" aus der Schweiz ist hier zu finden: http://www.velo-plus.de/pdf/zusatzinfos/elchtest_kinderanhaenger.pdf

5.5 Gefahr des Einfädelns / Hängenbleibens

Das Einfädeln bei Hindernissen ist wohl eine der größten Gefahren im Anhängeralltag. Allzuschnell vergisst man auf die Breite… Ein „echter" Einfädler bei einem festen Hindernis bedeutet einen sofortigen Stillstand des Anhängers. Eine derartige Bremsung von 25 km/h auf 0 km/h stellt einen heftigen Stopp dar. Mir wurden meine Grenzen zum Glück immer nur durch bedrohlich streifende Äste akustisch aufgezeigt, meine Wahrnehmung dadurch aber immens geschärft.

Zwar sind die meisten Kinderanhänger dahingehend konstruiert, dass die Rahmenkonstruktion kleine Fahrfehler verzeiht und der Anhänger vom Hindernis „abgedrängt" wird, anstatt einzufädeln, ab einem gewissen Winkel gibt es aber kein Pardon mehr, vor allem bei zu eng genommenen Kurven.

144

Mit dem Anhänger einen möglichst weiten Kurvenradius zu wählen, ist die Grundregel, die man sich immer vor Augen halten sollte. Die ersten engen Kurvenfahrten sollte man tatsächlich im Zeitlupentempo absolvieren, um ein Gefühl für die Fahrspur des Anhängers zu bekommen. Dies gilt für Ein- und Zweispurige gleichermaßen. Wer lernt, Kurven im größtmöglichen Radius anzufahren, wird die meisten Engstellen und Nadelöhre im Fahrradalltag ohne Probleme meistern können – und dafür mitunter große Bewunderung ernten!

Ein Einfädler kann aber auch beim Geradeausfahren passieren: Autospiegel befinden sich genau auf der Höhe der Anhängergriffe – besonders tückisch, denn auf Höhe des Anhängerrads befindet sich kein Hindernis.

Auch beim Singletrailer, der an sich ja formbedingt die meisten vertikalen Hindernisse einfach „abstreift" (Mauern, Bäume, etc.), besteht die Gefahr, dass in einer Kurve eingefädelt wird – und zwar bei horizontalen Hindernissen, etwa beim Umfahren eines Schrankens.

145

5.6 Aufsitzen mit dem Anhänger

Beim Überfahren von sehr hohen und steilen Bodenwellen besteht die Gefahr des Aufsitzens des Anhängerbodens. An sich nicht gefährlich für die Kinder, sonder eher für den Fahrer, der durch den heftigen Ruck schon überrascht werden kann. Wenn eine derart wilde Bodenwelle auftaucht, entspannt drüberrollen und das Kind vorwarnen – dann kann die kurze „Schlittenfahrt" durchaus auch Spaß machen.

Beim Singletrailer schützt der Ständer am Unterboden recht gut vor Beschädigungen. Wenn sich auf der Unterseite des Anhängers nur eine Stoffplane befindet, sollte man derartige Fahrmanöver natürlich vermeiden.

5.7 Bergauffahren

Bergauffahrten mit dem Kinderanhänger erfordern einen großen Mehraufwand an Kraft. Kleine Gänge zu treten ist kein Zeichen von Schwäche, sondern zeugt von einem gesunden Menschenverstand.

Interessant ist das Thema Traktion: Durch den Druck, den der Anhänger auf das Hinterrad ausübt, ist man auch in der Lage, auf schwierigem Untergrund steile Anstiege zu bewältigen. Eigentlich fährt man technisch fast gleich wie ohne Anhänger, nur eben mit erheblich größerem Kraftaufwand.

Es besteht sowohl die Gefahr des Aufsteigens des Vorderrads (bei zuviel Gewichtsverlagerung nach hinten)
als auch des Durchrutschens des Hinterrads (bei zuviel
Gewichtsverlagerung nach vorne). Letzteres wird mit
Anhänger fast nicht verziehen und bringt einen deutlich
schneller zum Stillstand als ohne Anhänger. Bei sehr
kniffligen und steilen Anstiegen auf unbefestigten Wegen hat es sich als ratsam erwiesen, die Federgabel zu
öffnen, um mit dem Vorderrad noch besser am Boden zu
„kleben".

Eine besondere Herausforderung ist die „Latenz" des
Anhängers beim Bergauffahren: Angenommen, man
muss bergauf an einem besonders steilen Stück mit
grobem Untergrund einen großen Stein oder eine große
Wurzel überwinden, dann gibt man – ohne Anhänger unterwegs – kurz etwas mehr Druck aufs Pedal, wenn der
Vorderreifen über dieses Hinderniss rollt. Dann nochmal
ein kraftvoller Tritt, wenn der Hinterreifen drüber muss.
Geschafft!

Aber mit Anhänger: Ätsch, zu früh gefreut, jetzt kommt
da noch was, das darübergezogen werden will... wer
das vergisst, darf schon mal absteigen und schieben...
An so einer Stelle mit dem Anhänger am Berg anzufahren, ist keine einfache Sache. Abgesehen davon ist alleine das Stehenbleiben und Schieben eines Fahrrads mit
Anhänger an extrem steilen Stellen eine schwierige Angelegenheit. Es ist tatsächlich oft leichter zu treten als zu

147

schieben... Wenn man den Stopp planen und das Kind gnädigerweise noch eine Minute auf das Getränk warten kann, sollte man unbedingt eine flache Stelle oder eine kurze Waagrechte (Einfahrten, etc.) anvisieren.

Das Konstruktionsprinzip des Singletrailers erleichtert das Abstellen auch bei besonders steilen Auffahrten:

Abstellen auf steilen
Passagen

Mit einem Fuß unter das Hinterrad um dies zu bremsen, während man das Fahrrad und Anhänger hält, dann mit der anderen Hand den Ständer lösen und ausklappen. Ich erinnere mich an einen „Platten" am Hinterrad auf einer ca. 16 % steilen, schottrigen Forststraße. Ich konnte den Singletrailer mitsamt schlafendem Kind in Fahrtrichtung elegant abstellen, das hintere Laufrad des noch am Anhänger befestigten Fahrrads ausbauen, reparieren und wieder einbauen. Der Ständer des Singletrailers fungierte dabei als „Anker".

Die Feststellbremse eines zweispurigen Anhängers an einer steilen Rampe zu aktivieren, erfordert mitunter akrobatische Einlagen und sollte, wenn geht, vermieden werden. Auch hier hantelt man sich am besten Schritt für Schritt über den Sattel und den Gepäckträger nach hinten...bis zur Anhängerbremse!

5.8 Schrägfahrten am Hang

Schrägfahrten am Hang sind mit zweispurigen Anhängern mit größter Vorsicht zu genießen und sollten wenn möglich vermieden werden – es besteht akute Kippgefahr.

Mit dem Singletrailer sind solche Schrägfahrten auch bei relativ steilem Gefälle sehr gut möglich, allerdings kann der Anhänger hier in Extremsituationen abrutschen (nasse Wiese, schlammiger Untergrund, lockerer Waldboden auf Böschungen). Für das Kind ist das weniger gefährlich, aber auch das Zugfahrrad kann beim Wegrutschen mitgerissen werden...

Daher empfiehlt sich bei der Bereifung des Singletrailers auf ein der Routenwahl angepasstes Stollenprofil auf der Seitenwand des Reifens zu achten. Auch hier gilt es, die Latenz des Anhängers im Auge zu behalten: Wenn man selber mit dem Zugfahrrad schon die rutschige Schrägfahrt passiert hat, darf man sich nicht in Sicherheit wiegen – der Anhänger hat sie noch vor sich!

5.9 Wiegetritt

Bei Anhängern mit Achskupplung stellt ein kraftvoller Wiegetritt zwar eine Mehrbelastung der Deichsel dar, ist aber bei hochqualitativen Modellen grundsätzlich kein Problem. Man sollte sich allerdings dessen bewusst sein, dass durch die Übertragung der Bewegung des Fahrrads auf den Anhänger auch der Oberkörper des Kindes mitwippt – daher sollte vor allem bei schlafenden

Kindern auf den Wiegetritt verzichtet werden. Es ist recht einfach, die Auswirkungen des Wiegetritts selbst abzuschätzen – einfach das Kind vorwarnen und dann auf geeigneter Strecke (möglichst steil und kein Verkehr!!!) in den Wiegetritt und mit kurzen Blicken nach hinten die auf das Kind einwirkenden Kräfte beobachten.

Beim Singletrailer sollte man auf Wiegetritt weitestgehend verzichten, da durch die hohe Position der Deichsel die seitlichen Bewegungen des Zugfahrrads gleichsam 1:1 auf den Oberkörper des Kindes übertragen werden – bei einem schlafenden Kind ohne Körperspannung würde also der Kopf beim intensiven Wiegetritt ständig hin- und hergeworfen werden.
Einem wachen, dreijährigen Kind kann moderates Schaukeln natürlich durchaus Spaß bereiten – es sollte aber vorgewarnt werden …

5.10 Bergabfahren

Wer bergab unterwegs ist, muss seine Fahrweise in erster Linie von zwei Faktoren abhängig machen:

Erstens: Schläft das Kind oder ist es wach?

Schlafende Kinder und Kinder, die noch nicht alleine stabil sitzen können, müssen gerade bergab mit äußerster Rücksichtnahme und Umsicht transportiert werden. Geschwindigkeit, Route und Fahrspur sind dementsprechend anzupassen. Singletrail bergauf und Asphaltstraße bergab ist in so einem Fall die richtige und keineswegs unsportliche Wahl.

Zweitens: Wie verändert der Anhänger
meinen Bremsweg?

Der Schub des Anhängers verlängert den Bremsweg, bei Vollbremsungen auf steilen Bergabfahrten kann das Zugfahrrad ins Rutschen kommen oder der Anhänger seitlich ausbrechen.
Für fahrtechnisch versierte Fahrer sind bei entsprechender technischer Ausrüstung (Bremssystem, Reifen-

breite- und profil) auch sehr steile und anspruchsvolle Abfahrten sicher zu absolvieren, wenn die Geschwindigkeit der Situation angepasst wird.

> Beruhigend: Gerade bei sehr steilen Passagen stellt ein Anhänger durch seinen tiefen Schwerpunkt eine stabilisierende Wirkung auf die Hinterachse des Zugfahrrads dar und schützt dieses auch vor dem Vornüberkippen.

5.11 „Pulsieren" des Gespanns beim Bergabfahren

Bei manchen Gespannen kann es beim Bergabfahren zu einem Pulsieren des Anhängers kommen. Dieses Phänomen tritt bei Anhängern mit Elastomeren an der Achskupplung (z.B. Chariot-Standardkupplung) auf, wenn der Schub des – vermutlich voll beladenen – Anhängers deutlich größer ist als der des Zugfahrrads. Dieses Pulsieren kann zwar nerven, stellt aber normalerweise keine Gefahr dar. Abhilfe schafft hier nur das Umverteilen des Gewichts auf das Zugfahrrad, zum Beispiel mit Packtaschen.

5.12 Fahren bei starkem Wind

Starker und oder böiger Wind darf beim Fahren mit Anhänger nicht unterschätzt werden. Die Angriffsfläche des Anhängers ist sehr groß, und auch eine Böe, die nicht unmittelbar seitlich auftrifft, kann das Gespann schon mit ordentlicher Kraft ein Stück aus der Bahn werfen. In solchen Situationen muss man das Tempo unbedingt anpassen. Besonders heftiger und böiger Wind kann das Gespann aber auch schon bei niedrigen Geschwindigkeiten unvermittelt von der Fahrlinie abweichen lassen. Eine äußerst gefährliche Angelegenheit, wenn man auf öffentlichen Straßen unterwegs ist und man in genau diesem Moment von einem Auto mit knappem seitlichem Abstand überholt wird.

5.13 Singletrails

Wer mit einspurigen Anhängern und einem geeigneten Zugmountainbike unterwegs ist, kann auch anspruchsvolle Singletrails und Pfade mit dem Anhänger befahren. Lernen Sie die Fahrspur des Anhängers gut kennen und arbeiten Sie sich langsam an Ihre Grenzen heran.

Besonderes Augenmerk ist hier auf die Anhängerbreite in Bodennähe zu richten, denn an dieser Stelle ist der Anhänger breiter als das Zugfahrrad und kann mitunter beim Umfahren von Grenzsteinen, groben Felsen oder ähnlichen Hindernissen streifen oder hängen bleiben. Ein Einfädeln auf Lenkerhöhe ist vergleichsweise unwahrscheinlich, solange man immer den größtmöglichen Kurvenradius wählt: Die meisten MTB-Lenker sind deutlich breiter als einspurige Anhänger.

5.14 Seitliches Aufschwingen

Bei Unwucht der Anhängerräder kann es bei hohen Geschwindigkeiten zu seitlichem Aufschwingen von zweispurigen Anhängern kommen. Wenn sie ein Hin- und Herschaukeln des Anhängers bemerken, müssen Sie die Geschwindigkeit sofort reduzieren. Es besteht akute Kippgefahr, da sich dieses seitliche Pendeln auch bei gleichbleibender Fahrt weiter aufschaukeln kann!

6. Bekleidung und Witterung

6.1 Was ziehe ich meinem Kind bei Anhängerfahrten an?

Wer als Fahrer aktiv auf dem Rad in die Pedale tritt und einen Anhänger zieht, hat meist ein deutlich anderes Temperaturempfinden als das im Anhänger sitzende Kind. Dementsprechend ist die Kleidung den Bedürfnissen des Kindes anzupassen.

Sommer

Im Sommer und an heißen Tagen ist die Sache relativ klar: Die Kinder so leicht wie möglich anziehen, den Anhänger so gut wie möglich belüften und die Kinder vor direkter Sonneneinstrahlung schützen.

Kopf und Oberkörper sind meist durch den Sonnenschutz der Anhänger gut geschützt, aber man sollte auch auf andere Körperpartien achten: Oft sind die nackten Füße der prallen Sonne ausgesetzt, was bei Fahrten um die Mittagszeit durchaus ein Problem darstellen kann. Anregungen für zusätzliche Sonnenschutzmaßnahmen gibt es in Kapitel 3.5.2.

Trotz guter Durchlüftung empfiehlt es sich, auch an warmen Tagen Wechselkleidung für die Kinder mitzunehmen. Auch ein Kinderrücken kann nach einer langen Fahrt bei besonders hohen Temperaturen nassgeschwitzt sein.

Die Regenjacke für die Kinder sollte man immer dabeihaben, ein Gewitter kommt oft schneller, als man denkt. Bei einer Panne oder wenn der kleine Passagier es einfach gerade will, kann es durchaus vorkommen, dass das Kind genau im allerheftigsten Regen aussteigen muss!

Frühling / Herbst

In der Übergangszeit ist die richtige Kleiderwahl oft deutlich schwieriger zu treffen. Man sollte aber keineswegs aus Angst vor einer Erkältung die Lüftung des Anhängers zu sehr einschränken und panisch das Regenverdeck runterklappen.

Da der Anhänger durch seine „Zeltfunktion" an sich auch die Körperwärme des Kindes „speichert", ist man gut beraten, sein Kind nicht übertrieben warm anzuziehen. Man entwickelt ein recht gutes Gespür, was das Kind braucht, vor allem wenn man über das ganze Jahr hinweg unterwegs ist.

Da das Kind im Anhänger ja nur sitzt, würde ich an dieser Stelle raten, im Anhänger immer eine Kleiderschicht mehr als nachher am Spielplatz einzuplanen – oder bei Temperaturen zwischen 5 – 10 Grad das Kind normal anzuziehen und im Anhänger in den (teilweise geöffneten) Fußsack zu setzen.

Wichtig ist auf jeden Fall, immer noch ein Kleidungsstück extra mitzuhaben, um immer und überall auf einen Temperatursturz oder eine Fehleinschätzung reagieren zu können. Dünne Fleecejacken, atmungsaktive, windabweisende Jacken sind platzsparend zu verstauen und federleicht. Inwieweit man prinzipiell eine zweite Garnitur Kleidung für sein Kind mitnehmen möchte, muss jeder selbst entscheiden. Geschadet hat es noch nie.

Winter

Im Winter wird die ganze Sache fast schon wieder leichter, weil man sich auf die Wirkung der Winterfußsäcke in Kombination mit der Zeltwirkung des Anhängers sehr gut verlassen kann. Wer den Anhänger nach einer winterlichen Fahrt öffnet, wird von einem Schwall warmer Luft empfangen. Trotz der aktiven Lüftungsmechanismen und der vorbeiströmenden kalten Luft wird die Wärme im Anhänger sehr gut gespeichert. Nicht umsonst werden die Multifunktionsanhänger von vielen Eltern ohne Bedenken auch zum Langlaufen bei Minusgraden verwendet. Es empfiehlt sich generell, immer wieder zu überprüfen, ob die Temperatur im Anhänger passt. Es ist durchaus möglich, dass das Kind zu warm angezogen ist und schwitzt!

Bei Temperaturen über dem Gefrierpunkt habe ich meinen Kindern im Anhänger meist keine Mütze aufgesetzt, nur die Kapuze von Pulli oder Jacke. So kann Schwitzen am Kopf erfolgreich vermieden werden.

Ich habe meinen Kindern zum Schlafen im winterlichen Anhänger auch meist normale, atmungsaktive Turnschuhe im Fußsack angezogen. Mit Winterstiefeln im Fußsack hätten sie sonst auch bei Minusgraden geschwitzt. Am Spielplatz habe ich dann natürlich die dicken Boots aus dem „Kofferraum" geholt...

Wichtiges Detail am Rande: Gerade im Winter sollte man auch bekleidungstechnisch darauf gefasst sein, dass das Kind mitten im Nirgendwo aussteigen will oder muss. Das Kind wacht überaschend auf, eine Panne, etc... Mit Kleinstkindern kann man dieses Szenario leicht unterschätzen oder auf diese Eventualität vergessen – „Zu Hause eingeladen, am Ziel ausgepackt: Das Kleine schläft ja eh"!

Als ich mit meinem Jüngsten im Alter von wenigen Monaten im Winter unterwegs war, habe ich zusätzlich zur normalen Winterbekleidung (Merinobody, dicke Strumpfhose, Pulli, warme Hose und Jacke, und dann ab in den Fußsack im Anhänger) noch einen zusätzlichen Thermo-Daunen-Schioverall im Anhänger mittransportiert. So hätte ich ihn gegebenfalls herausholen, beruhigen und auch mal eine halbe Stunde bei Minusgraden im Freien gut unterhalten können.

Bei extremen Temperaturen darf man auch im Anhänger nicht auf dünne Wollhandschuhe und eine Mütze vergessen! Schon ab der untersten Kleidungsschicht sollte das Kind gut angezogen sein: es gibt auch Thermo-Funktionsunterwäsche in den kleinsten Größen. Eine interessante Option ist da natürlich auch die klassische Sturmhaube aus Funktionstextilien. Sie ist nicht so dick und sperrig wir Schal und Mütze und passt auch locker unter den Helm. Gibt es schon für Kleinkinder (z.B. in „Size 1" von Löffler). Mit Sturmhauben ist auch der sichere Halt des Helms bestens gewährleistet.

Ich war mit meinen Kindern regelmäßig bei Temperaturen bis −12° Celsius Außentemperatur unterwegs – auch längere Ausfahrten (1–1,5 Stunden). Im Anhänger gab es nie eine Erkältung. Nur die Aufenthalte auf den Spielplätzen waren an solchen Tagen natürlich deutlich kürzer. Das lag aber dann zumeist am fröstelnden Vater...

> **Wintertipp:** Das Trinkwasser für die Kinder IM Fußsack der Kinder transportieren, dann ist es beim Aufwachen perfekt temperiert.

Windel – Selbst aufs Klo gehen

Irgendwann im Laufe des Kinderanhänger-Zeitalters kommt beim Kind der Übergang von der Windel zum Selbst-aufs-Klogehen. Ich möchte ermutigen, dem Kind zu vertrauen. Wenn es daheim schafft, rechtzeitig Bescheid zu geben und aufs Klo zu gehen, dann schafft es das auch im Anhänger. Eine Sicherheitswindel im Anhänger anzuziehen fand und finde ich relativ kontraproduktiv. Bei uns hat es ohne Windel im Anhänger problemlos geklappt.

Mit dem Rad kann man ja auf Zuruf des Kindes eigentlich immer sofort stehen bleiben und muss nicht noch zehn Kilometer weiterfahren bis zur nächsten Autobahnraststation. Wer unsicher ist, kann eine Wickelunterlage oder ein Handtuch beim Sitz unterlegen. Passieren kann immer was, auch am Spielplatz! Daher ist das Reservegewand in dieser heiklen Phase ohnehin dabei.

6.2 Kinderhelme

Es gibt tolle Kinderhelme auch für ganz kleine Kopfgrößen. Los gehts ab einem Kopfumfang von circa 44 cm. Qualitätshelme zeichnen sich durch moderne Schließmechanismen aus: Durch ein korrektes Festdrehen / Fixieren des Helmverschlusses wird ein Verrutschen des Helmes verhindert.

Billige oder schlecht fixierte Helme können beim Sitzen durch den Druck der Lehne ins Gesicht des Kindes vorrutschen – für die Kinder sehr ungangenehm.

6.3 Was ziehe ich selbst an? – Bekleidung der Eltern

Jeder soll nach seinen Bedürfnissen und Vorlieben ausstatten, allerdings: Der Eltern-Helm steht für mich als Selbstverständlichkeit völlig außer Diskussion: Erstens aufgrund der Vorbildwirkung, zweitens in Anbetracht der Tatsache, dass ich im Falle eines Sturzes oder Unfalls gerne selber wieder aufstehen und mich um meine Kinder kümmern möchte. Es gibt immer wieder unvorhersehbare Situationen, auch völlig unabhängig vom Verhalten anderer Verkehrsteilnehmer: Steinschlag, wenn man im alpinen Gebiet unterwegs ist, ein Tier, das auf der Abfahrt aus dem Gebüsch hüpft. Alles schon dagewesen, zum Glück immer unfallfrei.

Hochwertige Funktionsbekleidung hilft, dem Wetter zu trotzen. Diese Hightech-Textilien seien an dieser Stelle nicht nur bei besonders sportlichen Aktivitäten, sondern auch im Fahrradalltag mit Kindern wärmstens empfohlen.

Wählen Sie einen Kinderhelm mit modernem Fixierungsmechanismus – so ist Komfort und Sicherheit für die Kinder gewährleistet

Wer viel und sportlich mit dem Rad unterwegs ist, wird ohnehin eine breite Palette an Radbekleidung auf Lager haben, die gerade bei den vielen möglichen Stopps und Pausen bei Ausflügen mit den Kindern wertvolle Dienste leistet, indem sie den Körper des Fahrers weitgehend trocken hält und vor Wind schützt.

Aber auch allen, die nicht in engem Rennoutfit durch die Gegend radeln wollen, bietet der Handel nützliche Produkte: Fast alle Hersteller hochwertiger Fahrradbekleidung haben mittlerweile eine eigene Urban- oder Trekkingkollektion. Mit diesen Textilien kann man sich völlig unerkannt unter die Spielplatzeltern, Museumsbesucher etc. mischen – und vorher oder nachher auf dem Rad von den Vorteilen hochwertiger Funktionskleidung profitieren.

Wer mit dem Mountainbike unterwegs ist, ist mit Shorts und Shirts aus dem Freeride-Sektor gut beraten. Die Funktionalität der Kleidungsstücke ist hervorragend und außerdem sind sie zumeist aus unverwüstlichen

Materialen gefertigt... ein großes Plus am Spielplatz und am Lieblings-Kletterbaum der Kinder...

Nachdem man als Anhänger-Zieher mitunter ordentlich ins Schwitzen kommt, empfiehlt es sich erfahrungsgemäß auch für sich selbst eine mehr oder weniger umfangreiche Umziehgarnitur mitzunehmen, wenn man nach intensiver Fahrt einige Stunden mit den Kindern am Spielplatz verbringen möchte. Man kommt ja dann nach der Fahrt nicht heim und unter die warme Dusche, sondern steht oft unendlich lang und ziemlich regungslos vor dem Eisbärgehege, unter der Kletterwand, ... Und danach gehts ja immer noch einmal auf die Piste, zur Heimreise. Dabei kann man sich schneller erkälten, als man denkt. Vor allem im Winter, aber auch in der Übergangszeit ein großes Thema.

Sogenannte Windstopper brauchen fast keinen Platz und können wertvolle Dienste gegen kalten Fahrtwind leisten.

Ein fix mitgeführtes Regen-Set aus Gore-Tex ist federleicht und schützt am Spielplatz auch bei trockenem Wetter vor dem Auskühlen, wenn man beim Einpacken wieder mal nur an die Kinder gedacht hat. Eine zweite, weil trockene, Kopfbedeckung zum Wechseln hat sich in der kalten Jahreszeit sehr bewährt. Also auch für sich selbst lieber ein Kleidungsstück zu viel einpacken als zu wenig. Auf die paar Gramm kommt es auch nicht mehr an.

7. Sicherheitsaspekte

7.1 Schutzgitter / Insektennetz

Es ist mir ein besonders großes Anliegen, an dieser Stelle darauf hinzuweisen, dass das Schutznetz des Anhängers während der Fahrt IMMER geschlossen werden muss. Ich sehe allzu oft offene Kinderanhänger auf den Straßen fahren – meines Erachtens ist das absolut verantwortungslos.

Schließen Sie immer das Netzverdeck – auch auf noch so kurzen Fahrten

Nicht nur durch das Zugfahrrad, auch durch andere Verkehrsteilnehmer können jederzeit und auf allen Arten von Fahrbahnen Steinchen oder andere kleine Gegenstände auf die Kinder geschleudert werden. Mit Schutznetz absolut kein Problem. Ohne Netz enorm gefährlich.

7.2 Anschnallen

Schnallen Sie Ihre Kinder immer mit größter Sorgfalt an, auch auf noch so kurzen Strecken. Es kostet wirklich fast keine Zeit und erhöht nicht nur die Sicherheit, sondern auch den Komfort des Kindes. Befolgen Sie die diesbezüglichen Anweisungen der Hersteller gewissenhaft und überprüfen Sie immer den straffen Sitz der Gurte.

7.3 Helm im Anhänger

Helme im Kinderanhänger sind in einigen Ländern gesetzlich vorgeschrieben (siehe 7.5). Im Fahrradhandel werden viele qualitativ hochwertige Modelle für Kinder angeboten. Achten Sie vor allem auf den perfekten und festen Sitz und gute und schnelle Anpassungsmöglichkeiten der Größe. Im Winter muss dann auch noch die Mütze drunter...

Dass aber nicht alle Sitze von Kinderanhängern für den Helmgebrauch optimiert sind, ist kein Geheimnis: Eine kerzengerade, durchgehende Rückenlehne in Verbindung mit Helm bedeutet, dass das Kind leicht mit dem Kopf nach vorne geneigt sitzen muss. Für längere Fahrten und gerade zum Schlafen nicht sehr angenehm. Hier muss jeder selbst entscheiden, was richtig ist.

Grundsätzlich bieten alle hochwertigen Kinderanhänger einen kompletten Überrollkäfig aus Alu oder Stahl, den ein korrekt angeschnalltes Kind selbst bei einem Überschlag nicht berührt. Meine Kinder waren auf ihren Schlafrunden abseits der Straße immer ohne Helm im Anhänger unterwegs. Wach und auf Strecken mit Autoverkehr war dann immer der Helm am Start.

7.4 Sicherheit im Straßenverkehr

In erster Instanz gilt es natürlich, dem Autoverkehr so weit und so oft wie möglich auszuweichen. Das Radwegnetz wächst nicht nur in den Städten konstant, sonder auch am Land werden immer mehr Radwege errichtet bzw. autoarme Radrouten ausgeschildert.

Wenn man dennoch Strecken mit Autoverkehr befahren muss, gilt es in erster Linie gut sichtbar zu sein. Fahne am Anhänger, auffällige Kleidung als Fahrer – und die Aufmerksamkeit der Autofahrer ist gesichert. Wenn man mit dem Anhänger unterwegs ist, spürt man fast ausnahmslos den verstärkten Respekt und die Rücksichtnahme der Autofahrer.

Als Anhängerfahrer fühle ich mich als Verkehrsteilnehmer gleichwertig mit einem PKW – und wähle dementsprechend meine Linie in der Mitte der Fahrbahn. Einerseits ist man so vor sich öffnenden Autotüren und Autos, die beim Verlassen einer Ausfahrt gleich mal einen Meter auf die Fahrbahn „rausstechen", geschützt. Andererseits überlegen sich die hinter einem fahrenden Autofahrer, konfrontiert mit einer selbstbewussten Spurwahl in Kombination mit einem Anhänger, sehr genau, wie und wann sie ihr Überholmanöver ansetzen.

Blickkontakt zu den Autofahrern ist für mich ein weiteres Grundprinzip: Erst, wenn ich weiß, dass der Autofahrer mit Nachrang mich mitsamt meines Anhängers wirklich wahrgenommen hat – also der Blickkontakt hergestellt ist und er sein Tempo reduziert hat – fahre ich in die Kreuzung ein. Das klingt zwar etwas mühsam und wirkt in manchen Situationen möglicherweise sogar wie ein provozierendes Verhalten, ist aber eine Sicherheitsmaßnahme, die man sehr schnell antrainiert hat und intuitiv praktiziert.

Vorsicht! Oft ist für Autofahrer zwar der Radfahrer, nicht aber der Anhänger sichtbar.

Das Vorfahren zwischen stehenden Autos an Ampeln ist als Radfahrer keine unriskante Angelegenheit, mit Anhänger noch problematischer: Der Autofahrer sieht zwar den Radfahrer neben sich, aber nicht unbedingt den

Anhänger, der sich dahinter befindet. Also im Zweifelsfall lieber in der Reihe ganz hinten bleiben, mit genügend Abstand zum stinkenden Auspuff.

Radfahren gegen die Einbahn ist auf vielen innerstädtischen Straßen erlaubt und oft auch auf den Fahrbahnen entsprechend markiert. Grundsätzlich natürlich eine gute Sache: Die Autotür, die vor einem aufklappt, gibt es dadurch quasi nicht mehr, da man dem parkenden Autofahrer ins Gesicht sehen kann und sich in seinem Blickfeld befindet. Allerdings kommen einem auf dem Fahrstreifen gegen die Einbahn schon als normalem Radfahrer die entgegenfahrenden Fahrzeuge oftmals respektlos nahe.

Mit Anhänger ist man meist noch breiter und der Abstand kann dabei sehr knapp werden. Auch auf schmalen Radwegen kann es mitunter eng werden. Wer mit Voraussicht unterwegs ist und Gefahren rechtzeitig erkennt, muss sich aber wenig Sorgen machen. Im Zweifelsfall stehen bleiben und eine Ausweiche ansteuern.

In Österreich ist man mit Kinderanhänger übrigens von der Benutzungspflicht von Radwegen und Radanlagen (das betrifft auch markierte Radstreifen am Fahrbahnrand!) ausgenommen. Die Entscheidung, Fahrbahn oder Radweg zu wählen ist einem also freigestellt. Gut zu wissen.

7.5 Was sagt das Gesetz?

Die Vorschriften zum Thema Kinderanhänger am Fahrrad sind in Europa relativ ähnlich und gelten meist auch für Trailerbikes.

Wer auf Nummer sicher gehen und rechtskonform unterwegs sein will, stattet seinen Anhänger grundsätzlich folgendermaßen aus:

➲ weiße Reflektoren vorne, rote Reflektoren hinten, Gesamtfläche min. 20 cm², keine Dreiecksform, maximal 60 cm über dem Boden

➲ gelbe Speichenreflektoren und reflektierende Reifen

➲ weiße Beleuchtung vorne, rote Beleuchtung hinten, Anbringung mindestens 25 cm über dem Boden, Batterie- und Akkulichter sind toleriert.

➲ Wenn der Anhänger breiter als 60 cm ist, je zwei Lichter und Reflektoren vorne und hinten montieren und diese möglichst weit außen am Anhänger befestigen.

➲ Wimpel / Fahne in einer leuchtenden Signalfarbe, Höhe mindestens 150 cm über dem Boden

➲ Sicherheitsgurte (= „Rückhalteeinrichtungen") für die Kinder

➲ Bauart des Anhängers muss verhindern, dass die Kinder vom Anhänger aus in die Speichen greifen können

§§§

Darüber hinaus gibt es auch noch länderspezifische Vorschriften (Stand 1.3.2014)

Rechtliche Vorschriften in der Schweiz

★ Waren- und Kinderanhänger dürfen grundsätzlich an alle Kategorien von Fahrrädern angehängt werden.

★ Kinderanhänger werden gleich behandelt wie Nachlaufteile (das sind Anhängervelos, auf denen das Kind sitzt und selber mittreten kann).

★ Einspurige Anhänger sind zugelassen.

★ Im Kinderanhänger müssen die Kinder auf einem Kindersitz sitzen und mit Gurten gesichert sein.

★ Es besteht keine Helmpflicht für Kinder im Anhänger.

★ Es dürfen höchstens 2 Kinder pro Anhänger mitgeführt werden.

★ Velofahrende mit Fahrradanhänger müssen über 16 Jahre alt sein.

★ Alle Anhänger (auch Warenanhänger) müssen mit einer Kupplung schwenkbar am Fahrrad befestigt sein.

★ Sobald ein Radweg markiert oder signalisiert ist (Blaues Signal „Radweg"), besteht eine Benützungspflicht für Radfahrer.

★ Fahrräder mit Anhänger sind auf dem Radweg allerdings nur zugelassen, wenn sie den übrigen Fahrradverkehr nicht behindern.

Rechtliche Vorschriften in Deutschland

★ Hinter Fahrrädern dürfen in Anhängern, die zur Beförderung von Kindern eingerichtet sind, bis zu zwei Kinder bis zum vollendeten siebenten Lebensjahr von mindestens 16 Jahre alten Personen mitgenommen werden. Die Begrenzung auf das vollendete siebente Lebensjahr gilt nicht für die Beförderung eines behinderten Kindes.

★ Einspurige Fahrradanhänger sind nicht verboten. Darunter fallen auch Anhänger-Fahrräder (Trailerbikes).

* Eine ausdrückliche Ausnahme von der Radwege-
  benutzungspflicht enthält die deutsche StVO für
  Anhänger nicht. „Die Führer anderer [= mit Anhängern ausgestatteter] Fahrräder sollen in der Regel
  dann, wenn die Benutzung des Radweges nach
  den Umständen des Einzelfalles unzumutbar ist,
  nicht beanstandet werden, wenn sie den Radweg
  nicht benutzen." Das heißt, es soll von einer Geld-
  buße abgesehen werden. Wenn der Radweg zu
  schmal oder durch Hindernisse unbenutzbar ist,
  müssen Radfahrer mit Anhänger ihn ohnehin nicht
  benutzen.
* Helme sind nicht vorgeschrieben (wegen Rückenlehne oder Kopfstütze nicht ohne Verrenkung zu
  tragen und wegen Schutz durch die Fahrgastzelle
  nicht nötig).

Rechtliche Vorschriften in Österreich

* Wer mit dem Fahrradanhänger zur Personenbeför-
  derung unterwegs ist, darf Radwege und Radfahr-
  anlagen benutzen, kann aber auch die normale
  Fahrbahn benutzen. Auch markierte Fahrradstreifen
  gegen die Einbahn gelten als Radfahranlage und
  sind damit mit Fahrradanhängern benutzbar.
* Auf Fahrrädern und in Fahrrad-Anhängern dürfen
  Kinder unter 7 Jahren von mindestens 16-Jährigen
  befördert werden; behinderte Kinder können auch
  über das vollendete 7. Lebensjahr hinaus mitgenommen werden.
* Für Kinder im Anhänger besteht Helmpflicht.
* Der Anhänger muss mit einer Feststellbremse oder
  Radblockiereinrichtung ausgerüstet sein, die auf
  beide Räder wirkt.
* In Österreich müssen die Lichter als Dauerlicht verwendet werden („Blinkverbot") und die Beleuchtung
  muss unabhängig vom Zugfahrrad sein.
* Das Fahrrad muss über einen Fahrradständer
  verfügen.
* Rennräder sind seit 2013 als Zugfahrräder
  zugelassen.

★ Die Beschaffenheit der Kupplung muss gewährleisten, dass der Anhänger aufrecht stehen bleibt, wenn das Zugfahrrad umkippt.[1]

★ Der Tretmechanismus des Fahrrades muss zumindest eine Gangstufe mit einer Entfaltung von höchstens 4 Meter pro Kurbeldrehung aufweisen. [2]

Vielen Dank für die rechtliche Beratung an Eliza Brunnmayr (Radlobby.at), Roland Huhn (Rechtsreferent ADFC) und Daniel Bachofner (Pro-Velo.ch)

---

1 Das würde also bedeuten, dass einspurige Anhänger in Östereich noch verboten sind. Nach Einschätzung von Fachleuten darf man hoffen, dass dieses Gesetzes-Relikt in naher Zukunft fallen wird.

Bis dahin kann man sich allerdings durchaus auf folgenden Teil der Fahrradverordnung berufen:

EU-Gleichwertigkeitsklausel, Fahrradverordnung, § 8. „Von den in den §§ 1 bis 7 beschriebenen Anforderungen für Fahrräder, Fahrradanhänger und zugehörige Ausrüstungsgegenstände darf dann abgegangen werden, wenn diese in anderen Mitgliedstaaten der Europäischen Union sowie in anderen Vertragsstaaten des Abkommens über den EWR rechtmäßig hergestellt oder in Verkehr gebracht werden dürfen und die Anforderungen dasselbe Niveau für den Schutz der Gesundheit und für die Verkehrssicherheit gewährleisten, wie in dieser Verordnung verlangt."

2 Da wird einem richtig warm ums Herz, wenn man lesen darf, wie sich der österreichische Gesetzgeber um den Muskelkater der Eltern sorgt. Die von mir im Kapitel 4.1.4 vorgeschlagenen Übersetzungen entsprechen Gott sei Dank einer mehr als rechtskonformen Entfaltung von ca. 2 Metern. Großglockner, wir kommen!

8. Ausblick

Inwieweit Eltern ihre Kleinkinder am Fahrrad transportieren, wird zu einem großen Teil von der radfahrfreundlichen Gestaltung unserer Verkehrsflächen bestimmt. Die Kommunen sind dazu aufgefordert, hier Initiativen zu ergreifen und unsere Verkehrsräume für ökologisch nachhaltige Verkehrskonzepte freizumachen.

Mehr Platz für Radfahrer und Fußgänger = mehr Radfahrer und Fußgänger = bessere Luft = weniger Lärm = gesündere Menschen = mehr Platz für Bäume = eine schönere Welt für unsere Kinder = eine schönere Welt für die Kinder unserer Kinder.

Klingt pathetisch, ist aber so.

In diesem Sinne: Gute, sichere und unterhaltsame Fahrt für alle!

9. Bezugsquellen / Adressen / Weiterführende Informationen

Die direkten Links zu einigen Produkten und Herstellern, die sich in unserem Anhängeralltag über die Jahre sehr bewährt haben:

* ★ www.abus.com   Schlösser

* ★ www.ciclopia.at   Fahrradgeschäft in 1060 Wien mit hoher Anhängerkompetenz

* ★ www.casco-helme.de   Fahrradhelme für Kinder und Erwachsene

* ★ www.deuter.com   Rucksäcke – auch für die Allerkleinsten

* ★ www.klettladen.de   Klettkabelbinder in allen Farben und Formen zum schnellen und sicheren Festzurren von Ladung und Vorhängen

* ★ www.ktm-bikes.at   Bikes und E-Bikes – Made in Austria

* ★ www.lezyne.com   Werkzeug und Pumpen auch für unterwegs, hochwertige Akkuleuchten für den Anhänger

* ★ www.loeffler.at   hochwertige Fahrrad- und Sportbekleidung für Erwachsene und Kinder, Funktionsunterwäsche und Sturmhauben auch schon für Kleinkinder

* ★ www.lowa.de   unverwüstliche Trekking- und Outdoorschuhe – ab Größe 25!

* ★ www.meinrad.org   besonders schöne und unverkäufliche Fahrräder

* ★ www.ortlieb.com   unverwüstliche Packtaschen für den Eltern- und Kinderalltag und die große Tour

* ★ www.radshop.at   Fahrradgeschäft in 1150 Wien

* ★ www.schwalbe.com   Reifen

* ★ www.thomann.de   Noppenschaumstoff, Gaffa-Tape

* www.toko.ch Tent & Pack Proof-Spray zum Imprägnieren der Anhängerbodenbespannung

* www.weber-products.de Kupplungssysteme zum Nachrüsten, auch für ausgefallene Fahrradtypen, Baby-Hängematte

* woombikes.com Durchdachte Kinderfahrräder aus Österreich

Auswahl an Herstellern von hochwertigen Kinder- bzw Multifunktionsanhängern und Anhängerzubehör:

* www.burley.de

* www.kidstouring.de

* www.kindercar.de

* www.rideweehoo.com weehoo iGo

* www.thule.com einstmals "Chariot"

* www.tout-terrain.de Singletrailer, Loops XL

Auswahl an Herstellern von Lastenfahrrädern für Kindertransport:

* www.heavypedals.at Fahrradgeschäft spezialisiert auf Lastenräder in 1040 Wien

* www.bakfiets.at

* www.christianiabikes.com

* www.myzigo.com

* www.tagabikes.com

* www.urbanarrow.com

* http://larryvsharry.com

* http://nihola.com

Auswahl an Herstellern von Kindersitzen

* www.hamax.com

* www.britax-roemer.de

Weiterführende Informationen / Tests:

★ http://www.veloplus.ch/pdf/news/kinderanhaenger-2007s.pdf Umfangreicher Test über Erschütterungen / Federungssysteme

★ http://www.velo-plus.de/pdf/zusatzinfos/elchtest_kinderanhaenger.pdf Interessanter Kipptest über zweispurige Anhänger

★ www.zwepluszwei.at

Unterstützer / Partner:

 **MINISTERIUM FÜR EIN LEBENSWERTES ÖSTERREICH**

Dank an

★ Mena und Xaver, die amüsantesten Beifahrer der Welt

★ Letizia, für ihre Geduld und ihr wertvolles Feedback zu diesem Buch

★ Jan „Meinrad" Hannreich, der mir mit 31 meinen ersten Anhänger verodnet hat

★ Alle, die dieses Buch mit ihrer Zeit und Kreativität unterstützt haben!

Bildnachweis

Julia Wesely: Titel, 6, 11, 14, 17, 19, 20, 24, 25o, 26o, 28, 31, 32, 34, 35, 45, 46, 47, 48, 50, 52, 56, 57, 58, 59, 61, 68, 71, 74, 75, 76, 77, 78, 79, 82, 84, 85, 86, 87, 88, 90, 91u, 93, 94, 95, 96, 97, 98, 99, 100, 101, 102, 103, 106, 121, 126, 129, 130, 131, 132, 135, 136, 137, 139, 157, 158, 159, 161, 169

Renata Behncke: 5, 13, 18, 21, 23, 38, 42, 55l, 109, 111, 112, 114, 115, 124, 143, 145, 146, 148, 149, 152, 160, 163, 164, 170, 173

Dietmar Zechner: 70u, 72, 147, 151

Christoph Burgstaller: 25u, 26u, 27, 30, 37, 41, 43, 44, 51, 53, 54, 55r, 62, 70o, 83, 89, 91o, 105, 108, 120, 123, 125

Hersteller: 63, 64, 65, 80, 81, 113, 117 (christiana-bikes), 118, 119, 122

MICHAEL **ZAPPE**, WALTER **SCHMIDL**, MARTIN **STRUBREITER** & WERNER **SCHUSTER**
FOTOGRAFIERT VON PHILIPP **HORAK**, VERLAG BRÜDER **HOLLINEK**

352 Seiten, über 1.000 Bilder, Erscheinungsjahr 2013
ISBN: 978-3-85119-342-8, Preis: € 59.00

Wien ist groß, aber die Vielfalt an Wiener Fahrradmarken war einst noch größer: Mehr als 100 Marken sah die Stadt von den 1930er bis in die 1980er Jahre, darunter Innovatives, Schräges, Edles, Skurriles, Gutbürgerliches, Solides und Abgehobenes – zum Beispiel edle Rennräder mit Lackierungen aus einer anderen Zeit (Rih), Aero-Räder fast 50 Jahre vor der Aero-Welle (RZ), Prototypen aus Alu und filigranem Stahlrohr (Austria-Alpha), muffenlos geschweißte Rahmen (Degen), völlige Neuerfindungen der Rahmengeometrie (Wisent Einheitsrad), um nur wenige Beispiele zu nennen.

www.**WIENER**-MECHANIKER **RAEDER**.at